电气设备故障试验诊断攻略

变压器附件

丛书主编　包玉树
本册主编　陈志勇

中国电力出版社
CHINA ELECTRIC POWER PRESS

内 容 提 要

为加强对电气设备的检查维护及故障诊断力度，确保电气设备安全稳定运行，特编写《电气设备故障试验诊断攻略》丛书。本丛书以生动的案例介绍、真实的场景再现，将基于电气试验的设备故障诊断案例加以剖析。

本书是《变压器附件》分册，共六章，分别为无励磁分接开关、有载分接开关、套管、散热装置、储油柜、非电量保护装置。

本书可供电力系统从事电气设备试验的工程技术人员使用，也可作为高等院校相关专业师生的学习参考资料。

图书在版编目（CIP）数据

电气设备故障试验诊断攻略．变压器附件／陈志勇主编．—北京：中国电力出版社，2018.6

ISBN 978-7-5198-1875-3

Ⅰ．①电…　Ⅱ．①陈…　Ⅲ．①电气设备－故障诊断②变压器故障－故障诊断　Ⅳ．①TM07②TM407

中国版本图书馆 CIP 数据核字（2018）第 059253 号

出版发行：中国电力出版社
地　　址：北京市东城区北京站西街 19 号（邮政编码 100005）
网　　址：http://www.cepp.sgcc.com.cn
责任编辑：吴　冰（010-63412356）
责任校对：太兴华
装帧设计：郝晓燕　赵姗姗
责任印制：邹树群

印　　刷：北京雁林吉兆印刷有限公司
版　　次：2018 年 6 月第一版
印　　次：2018 年 6 月北京第一次印刷
开　　本：787 毫米 ×1092 毫米　16 开本
印　　张：8　插页 1
字　　数：172 千字
印　　数：0001—1500 册
定　　价：56.00 元

《电气设备故障试验诊断攻略》丛书编委会

审定委员会

主　　任　黄志高

副 主 任　陈　晟　卞康麟

委　　员　（按姓氏笔画排序）

马生坤　王丽峰　水为涟　吉　宏　许焕清　杜　森
李　杰　李瑶红　吴　俊　张红光　祝和明　徐建军
翟学锋

编写委员会

丛书主编　包玉树

丛书参编　（按姓氏笔画排序）

马生坤　马君鹏　王成亮　王伟津　王庆胜　王丽峰
王泽仁　王建刚　卞康麟　甘　强　叶加星　付　慧
司增彦　朱孟周　刘　洋　孙和泰　杜　森　杨小平
杨世海　杨景刚　李夕强　李　军　李瑶红　吴　俊
吴　剑　张兴沛　陈华桂　陈志勇　陈　杰　陈明光
范　忠　周　源　孟　嘉　赵　胤　胡永建　钟子娟
钟永和　祝和明　秦嘉喜　贾勇勇　徐敏锐　殷　峰
高　山　高　嵩　黄亚龙　黄　芬　黄　磊　衡思坤
王如山　李　勇　孙景奕

本册编写人员

主　　编　陈志勇

参　　编　李海南　朱叶叶　张晓佳　王　宁　雷红才　周志成
陶风波　周　鹏　陕华平　黄国栋　潘晓明　周　阳
徐　俊　高　琦　黄海飞　高　扬　刘　洋　周　飞

前　言

目前，国家电网公司立足自主创新，大力发展特高压和智能电网并取得了重大突破，实现了“中国创造”和“中国引领”，电力事业日新月异，蓬勃向前。国网江苏省电力公司的广大员工随潮而动，逐梦而飞。在此背景下，经过近四年的筹划、组织、立项、编撰、审核、修改，《电气设备故障试验诊断攻略》丛书与读者见面了。

本套丛书按照一次设备的种类分别成册，内容涵盖设备结构、针对性试验、典型故障、诊断攻略等方面，重点放在具有可操作性的故障诊断上。丛书中所列故障案例，既有作者的亲身经历，也有收集借鉴的他山之石，经过筛选、加工一一呈现在读者面前，期望这套丛书能给读者带去不一样的收获。本套丛书各分册内容安排主要以故障描述、缺陷排查、综合分析、诊断攻略的形式呈现，另外对专业领域的试验与诊断新技术做了前瞻性叙述。

《变压器附件》分册共分六章，分别为无励磁分接开关、有载分接开关、套管、散热装置、储油柜和非电量保护装置，从其基本结构原理和试验情况入手，阐述了变压器附件故障分析的理论基础，在此基础上，分析各附件不同类型故障起因及预防措施。之后，从大量故障案例出发，详细介绍不同的故障分析、处理方法，并介绍了目前最新型的故障监测技术，为在实际工作熟练运用现有的技术手段，全面监测附件运行状态以及时发现缺陷和故障隐患提供参考。

在内容编撰过程中，得到了 MR China、合肥 ABB 变压器有限公司、上海华明电力设备制造有限公司、贵州长征电气有限公司、沈阳天工电力科技有限公司、沈阳海为电力设备有限公司、北京诺德威电力技术开发有限责任公司、南通世睿电力科技有限公司等变压器附件生产厂家的大力支持，提供了大量珍贵资料，同时参考引用了一些研究成果和试验数据，谨在此向其表示衷心的感谢。

在本套丛书的编写过程中，得到了国网江苏省电力公司领导的大力支持，书中参考了其他省市电力公司的事故案例，引用了一些研究成果及试验数据，在此对相关单位的领导和专家表示衷心的感谢。

本套丛书可供电力系统从事电气设备试验的工程技术人员使用，也可作为高等院校相关专业师生的学习参考资料。

由于各分册作者均为在职电力系统专家，利用工作之余的时间编写，时间仓促，书中仍有疏漏与不足之处，敬请读者批评指正。

编　者

2017 年 11 月

目　录

第一章

无励磁分接开关

第一节 无励磁分接开关概述

为了保证变压器供电的稳定性，便于控制电力潮流或负载电流，各级变压器均需要装设电压调整装置。目前最常用的方法是有级调整电压法，即在变压器某一侧线圈上设置接至分接开关的分接线匝，通过切除或增加一部分线匝，改变线圈匝数，从而改变电压比。

变压器的分接开关一般可分为无励磁分接开关和有载分接开关。无励磁分接开关是用于变压器在无励磁状态下进行分接变换的装置，它是通过变换变压器绕组的分接头，来改变变压器的电压比，达到电压调整的目的。

一、无励磁分接开关的分类和标识代号

（1）按结构方式分类。共分五类，其结构方式的标志代号见表 1-1。

表 1-1　无励磁分接开关结构方式分类

结构方式	盘形	鼓形	条形	笼形	筒形（管形）
结构特征	分接端子分布在一个圆形盘上。立式布置	分接引线柱沿圆周方向均布，并置于一绝缘筒内	分接端子分布在一条直线上	分接端子分布在笼式绝缘杆上	在笼形开关上引进了绝缘筒和纯滚动动触头
代号	P	G	T	L	C

（2）按相数分类。分为三相（代号 S）、单相（代号 D）和特殊设计的两相（代号 L）；三个单相无励磁开关组合可由一个操动机构进行机械联动。

（3）按调压方式分类。分为线性调（Y 接或 D 接）、正反调（Y 接或 D 接）、单桥跨接（中部）、双桥跨接、Y-D 接转换、串并联转换等。

（4）按操动方式分类。分为手动操作（无标识）和电动操作（代号 D）两类。电动操作按其电动机构与无励磁开关连接方式分为复合式（头部电动）和分开式（箱壁安装）。

（5）按触头结构分类。分为夹片式（代号 A）、滚动式（代号 B）和楔形式（代号 C）。

（6）按安装结构分类。分为立式（L）和卧式（W）。

（7）按安装方式分类。分为箱顶式和钟罩式。

（8）按调压部位分类。分为中性点调压、中部调压和线端调压三类。调压方式和调

压部位的标志代号见表 1-2。

表 1-2　　　　无励磁分接开关调压方式和调压部位的标志代号

结构方式＼调压方式	线性调	中性点调压	正反调	中部调单桥跨接	双桥跨接
盘形无励磁开关	Ⅰ	Ⅲ	—	Ⅱ	—
条形无励磁开关	—	Ⅲ	—	Ⅱ	—
鼓形无励磁开关	Ⅰ	—	Ⅵ	Ⅱ	Ⅲ
笼形无励磁开关	Ⅳ	—	Ⅱ	Ⅴ	Ⅶ
筒形无励磁开关	Ⅰ	—	Ⅵ	Ⅱ	Ⅲ

二、无励磁分接开关的型号标识含义

无励磁分接开关的型号标识含义如图 1-1 所示。

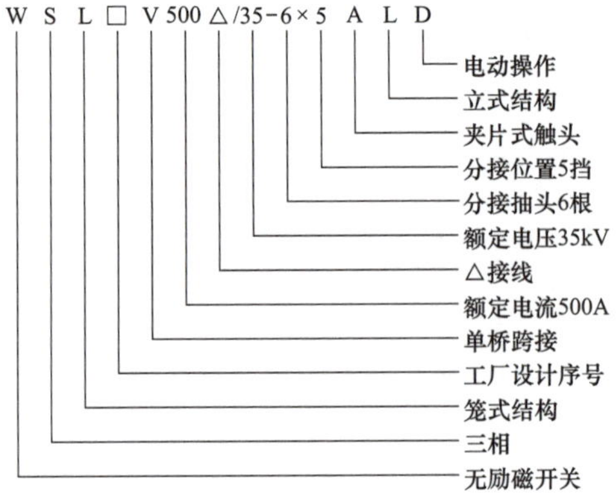

图 1-1　常用无励磁分接开关的型号标识含义

三、无励磁分接开关的结构原理

1. 常用无励磁开关的接线方式

无励磁开关基本接线方式，按线圈抽出分接方式不同，可分为线性调压接线（Y接或△接）、单桥跨接调压接线（中部）、双桥跨接接线、正反调压接线（Y接或△接）4种，如图 1-2 所示。

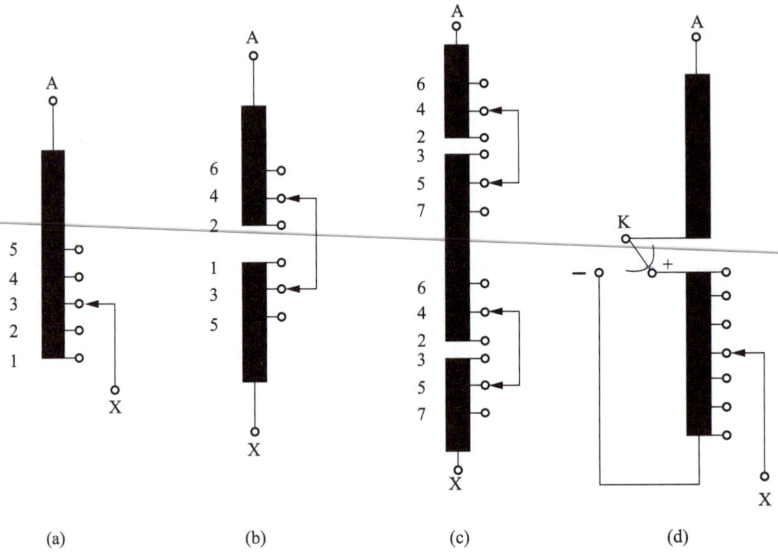

图 1-2　无励磁开关基本接线图

（a）线性调压接线；（b）单桥跨接调压接线；（c）双桥跨接接线；（d）正反调压接线

图 1-2（a）为线性调压接线，特点为基本绕组加上线性调压绕组，调压范围一般为10%，通常用于电压为 35kV 及以下配电变压器或电力变压器。图 1-2（b）为单桥跨接调压接线，实质是中部调压电路，也是无励磁调压常用的调压方式，主要适用 35～110kV 连续绕组。图 1-2（c）为双桥跨接接线，实质是中部并联调压方式，适用于 66kV 及以上中部出线的大型和特大型变压器。图 1-2（d）为正反调压接线，正反调为基本绕组加上可正接或反接的调压绕组，在相同的调压绕组上，调压范围增加了一倍，或在相同的调压范围下，可减少调压绕组抽头数目，一般适用于电力变压器或配电变压器的无励磁调压。

2. 盘形无励磁开关结构原理

（1）盘形无励磁开关在安装结构上为立式设置。尽管它的结构型式较多，但结构原理都大同小异。它由接触系统、绝缘系统和操动机构三部分组成，静触头安装在圆盘形绝缘件上，动触头在圆盘的中心旋转以改变分接位置，按其触头结构有滚动式和夹片式两种，如图 1-3 所示。

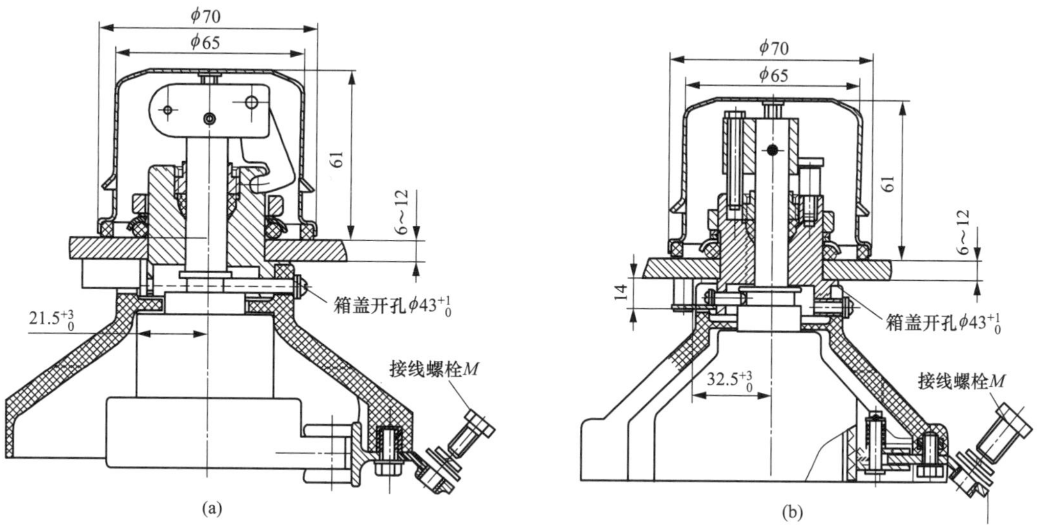

图 1-3　盘形无励磁开关触头结构图

（a）滚动式；（b）夹片式

（2）盘形无励磁开关按其调压方式分为中性点调压、中部调压、线端调压 3 种，按相数又分为三相和单相两种，主要供 10～35kV 配电变压器选用。

3. 鼓（楔）形无励磁开关结构原理

鼓（楔）形无励磁开关静触头为多柱触头式，如图 1-4 所示。动触头嵌入两相邻静触头之间，并跨接该两分接头。鼓形无励磁开关动触头为鼓形，弹簧为平面螺旋状盘形弹簧；楔形无励磁开关动触头为楔形，弹簧为圆柱形弹簧。

楔形无励磁开关是鼓形的改进版，可以克服螺旋状盘形弹簧由于制造工艺等问题造成的接触不良发热故障，但改进的同时带来的是自行定位功能较差，操作是否到位的手

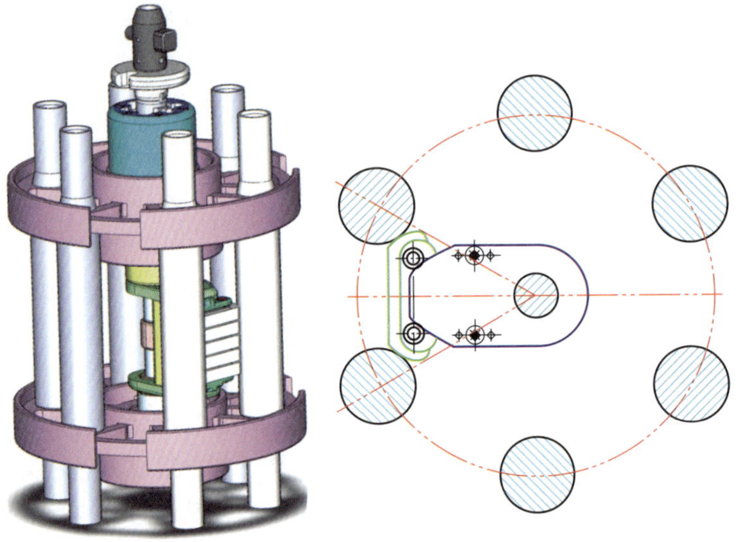

图 1-4　鼓（楔）形无励磁开关静触头结构原理图

感不明显，因此又出现了新型鼓型（WDGⅡ型）开关，保证了楔形开关接触良好的优点，又保留了旧版鼓型开关良好的操作手感，在生产实际中得到了广泛的应用。

4. 笼形无励磁开关

笼形无励磁开关通常有多根绝缘柱，其上端部和下端部有金属法兰，将绝缘柱连成一体。在绝缘柱上安装定触头，法兰中心部位有装设动触头的旋转轴，用以调节分接位置。大电流或高电压的变压器笼形无励磁开关通常为单相式，其结构如图 1-5 所示，主绝缘由绝缘杆承受，纵绝缘由绝缘油承受。

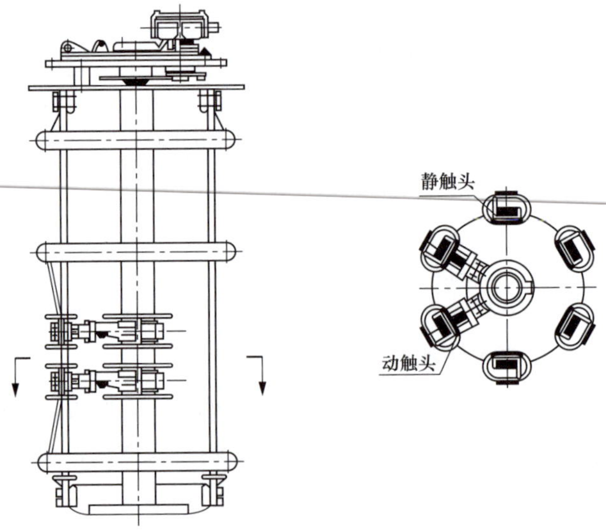

图 1-5　笼形无励磁开关结构原理图

四、无励磁分接开关的试验简介

1. 出厂试验

（1）触头接触压力测量；

（2）触头接触电阻测量；

（3）转动力矩的测量；

（4）绝缘工频耐压试验（电动机构辅助线路绝缘试验）；

（5）密封试验；

（6）电动机构的机械试验。

2. 型式试验

（1）触头接触压力测量；

（2）触头接触电阻测量；

（3）转动力矩的测量；

（4）绝缘耐压试验；

（5）局部放电测量；

（6）密封试验；

（7）机械寿命试验；

（8）短路电流试验；

（9）触头温升试验；

（10）电动机构的机械负载试验；

（11）电动机构的超越端位试验；

（12）电动机构箱的防护等级试验。

3. 交接试验

（1）连同变压器绕组测量直流电阻；

（2）检查所有分接位置的电压比；

（3）无励磁分接开关的电动操动机构或手动机构闭锁试验（保证变压器带电不能进行分接变换；分接变换中变压器不能送电）。

4. 例行试验

（1）周期：110（66）kV及以上基准周期为3年，35kV及以下基准周期为4年。

（2）项目：连同变压器绕组测量直流电阻。

第二节　无励磁分接开关常见故障及处理

一、触头接触不良导致发热，变压器油色谱分析指标超标

（1）故障原因：

1）动触头不到位；

2）触头接触压力不够；

3）部分触头接触面有缺陷；

4）开关接触面烧损。

（2）处理方法。连同变压器绕组一起做直流电阻，其运行挡位的直流电阻明显升高，若另调整一个挡位再做直流电阻，若直流电阻仍然偏高，可初步判断确为无励磁开关触头过热，必要时进行吊芯检查。

二、变压器箱盖上无励磁开关密封渗漏油

（1）故障原因：箱盖与无励磁开关法兰盘之间静密封圈失效或转轴与法兰盘或座套之间动密封圈失效。

（2）处理方法：用扳手轻轻紧固无励磁开关法兰盘螺栓或轴套的压紧螺母，检查螺栓紧固程度；若螺栓已紧固，则需将变压器油位放至箱盖以下，更换密封圈。

三、操动机构失灵，不能实现分接变换

（1）故障原因：

1）操作杆转轴与法兰盘或座套之间卡涩；

2）无励磁开关触头弹簧失效，动触头卡涩。

（2）处理方法：

1）操作杆转轴与法兰盘或座套之间卡涩，调整操作杆转轴与法兰盘或座套之间密封环塞子；

2）无励磁开关触头弹簧失效，动触头卡涩，则要将变压器进行吊罩，对无励磁开关进行检修或更换。

四、档位变动，电阻值不变

（1）故障原因：操作杆断裂。

（2）处理方法：更换操作杆。

五、变压器直流电阻不稳定或增大

（1）故障原因：

1）分接引线与无励磁开关连接的螺栓松动；

2）触头接触压力降低，弹簧退火；

3）长期不运行的触头表面有油膜或氧化膜。

（2）处理方法：

1）分接引线与无励磁开关连接的螺栓松动，检查紧固分接引线与无励磁开关连接的螺栓；

2）触头接触压力降低，弹簧退火，更换触头弹簧；

3）长期不运行的触头表面有油膜或氧化膜，操作3～5个循环后再测试。

六、变比不符合规律

（1）故障原因：

1）分接位置连接有误；

2）分接引线接错。

（2）处理方法：

1）操动机构和分接开关的连接有误，重新连接并校验；

2）分接引线接错，配合直流电阻试验确认，重新连接分接引线。

第三节　无励磁分接开关典型故障案例

案例一　500kV主变压器无励磁分接开关支架机械强度不足引起主变压器跳闸

一、故障情况

某日20时10分，某变电站内500kV电压等级主变压器在小修结束后，在220kV侧对主变压器进行充电时，当充电进行了仅仅几秒钟后，变压器轻瓦斯保护、重瓦斯保护和差动保护同时动作，变压器开关跳闸，压力释放阀动作喷油，大约68ms后故障被切除。该台变压器为型号是ODFPS-250000/500的进口变压器，1993年生产，到事故时运行年限7年。

二、故障诊断

对该台主变压器进行事后解体查看发现，无励磁分接开关已经严重断裂、变形，部分分接头和均压环断裂，分接开关支架完全断裂，调压线圈引出线绝缘损坏，线圈上部1、2段严重变形，中压线圈最内部一层绝缘破裂。

综合试验结果和解体查看分析可知，造成此次事故的直接原因是无励磁分接开关支架的机械强度不足，而变压器的冲击试验又对其产生了作用力，可能造成一定的损坏，因此在给变压器充电进入运行状态后，无励磁开关发生散架的情况，直接导致了接地短路事故，从而引起主变压器跳闸的严重后果。

案例二　220kV主变压器无励磁分接开关调档不到位导致主变压器跳闸

一、故障情况

某日10时03分，某220kV变电站内轻瓦斯保护先后动作3次，未引起重视并将重瓦斯保护改至信号位置。运行 1h 后，变压器差动保护动作跳闸，防爆桶喷油。该台主变压器为国内某变压器厂生产的型号为 SFP-80000/220 的电力变压器，当年刚经改造后投入运行。

二、故障诊断

经试验，B 相的直流电阻很大，读不出数据，判断可能存在断股，其他相和抵押线圈直流电阻测试数据正常。对该台变压器进行解体查看（如图 1-6 所示），发现 B 相绕组的高压线圈已严重变形，绕组上下分接线圈全部烧损，B 相无励磁分接开关烧损严重，动静触头基本烧光。

图 1-6　变压器解体查看结果

经分析，该台变压器主要事故原因是，变压器投运前进行分接调整后，外部操动机构分接指示不正确，硬性调到指示位置后，未在投运前进行直流电阻测试，造成分接位置不正确，从而发展形成分接区“大匝”短路，重瓦斯保护投信号，待故障形成达到差动保护动作值时，变压器跳闸，事故进一步扩大化。

案例三　110kV 主变压器 35kV 无励磁分接开关触头故障

一、故障情况

某 110kV 变电站 1 号主变压器发生重瓦斯动作、差动保护动作，主变压器三侧断路器跳闸。故障后立即进行油色谱分析，油色谱分析报告显示除 CO、CO_2 外，油中溶解气体各组分均显著增加，初步诊断该变压器内部故障不涉及固体绝缘。1 号主变压器故障前后油气相色谱分析结果如表 1-3 所示。表中气相色谱分析数据各气体组分对比年度周期性测试结果均有不同程度的增加，主要特征气体是 H_2 和 C_2H_2，三比值原则（C_2H_2/C_2H_4、CH_4/H_2、C_2H_4/C_2H_6）编码为 102，H_2 产气量超出 150μL/L，C_2H_2 产气量超出 5μL/L，总烃产气量超出 150μL/L，可以诊断为变压器底部存在电弧放电兼过热故障。

表 1-3　1 号主变压器油气相色谱分析结果　（μL/L）

日期	H_2	CH_4	C_2H_6	C_2H_4	C_2H_2	C_1+C_2	CO	CO_2	备注
3 月 7 日	1055	2039	495	607	00	3141	81025	90471	年检底部
9 月 5 日	101	212	479	521	00	313	814	908	年检底部
12 月 30 日	481	360	82	190	868	1501	7250	5110	器身中部
12 月 30 日	215	873	116	931	2019	3939	6990	4700	器身底部

二、故障诊断

变压器停运置检修后，进行直流电阻测量，试验数据如表 1-4 所示，数据显示高压绕组与低压绕组的直流电阻均平衡合格，而在中压绕组 1、2、3 档的直流电阻最大不平衡率均远远超过 2%的标准值，同时在中压绕组 5 档 B 相无法测量。

表 1-4　　主变压器故障后高压测直流电阻测量结果　　(mΩ)

测量绕组	分接位置	测量值			最大不平衡率（%）
HV		R_{AO}	R_{BO}	R_{CO}	
	1	295.8	294.2	295.8	0.51
	5	272.0	272.0	273.3	0.59
	9	246.3	246.8	247.6	0.53
	13	269.3	270.4	271.5	0.74
	17	293.4	294.4	295.5	0.68
MV		R_{AmO}	R_{BmO}	R_{CmO}	
	1	39.56	37.42	39.98	5.54
	2	38.49	36.73	37.47	4.69
	3	35.86	35.86	38.19	7.7
	4	34.93	34.63	35.17	1.56
	5	33.33	无	33.21	
LV		R_{ab}	R_{bc}	R_{ca}	0.85
		3.958	3.946	3.980	

查询变压器历史纪录，投运时中压无载开关处于 4 档位置，某年由于系统要求改调至 5 档运行，中压绕组 1、2、3 档不平衡率严重超标，初步判断变压器中压侧 1、2、3 档可能长时期处于非使用档位，动静触头氧化，造成接触电阻过大，以致测量数据超标；初步怀疑中压绕组 B 相无载开关因接触不可靠，致使导电部位接触不良，接触电阻增大，产生局部过热，造成触头烧损。

为了进一步确定变压器故障原因及故障点位置，对该故障主变压器进行吊罩检查，吊罩后检查所有引线连接均未松动，绕组表面无放电痕迹，铁心和夹件也无异常；B 相中压无载分接开关选择器动静触头接触位置有电弧放电烧损痕迹，见图 1-7。

图 1-7　动静触头接触位置烧损痕迹

三、预防措施

对于负荷电流较大的变压器，由于无载分接开关接触不良，会使其触头表面腐蚀、氧化，或触头之间的接触压力下降，使接触电阻增大，而形成变压器的过热性故障，严重时会造成设备损毁。因此无励磁分接开关档位变换后应进行电气试验，测量线圈各分接位置的直流电阻，合格后才能将其投入运行。在运行中加强变压器油色谱测试管理，及时发现缺陷，及时消除隐患。

案例四 110kV 主变压器 35kV 无励磁分接开关动、静触头烧蚀故障

一、故障情况

某日，在对某 110kV 变电站内 1 号主变压器进行停电试验时，发现 110kV 套管 B 相电容量超标，联系厂家将 B 相套管更换。套管更换过程中，对主变压器放油、补油约 200kg。主变压器于 7 月 14 日投入运行，且按预试规程要求对主变压器及时进行绝缘油色谱跟踪分析。在对 1 号主变压器进行变压器油色谱跟踪过程中，发现油中氢气和总烃含量较以往有明显的增加，数据异常。

故障变压器自 2005 年 1 月投运以来，未发生过外部短路故障，没有遭受到大电流冲击，也未在过负荷条件下运行，35kV 侧无载调压开关未进行过换档操作，一直在定档运行。

二、故障诊断

相关人员对变压器油色谱数据进行了分析并做出综合判断：

（1）通过对油色谱数据分析，其中 C_2H_4 为主要故障组分，并增长迅速，初步判断变压器内部存在高温果然故障，并有加速发展的趋势。

（2）现场监测变压器铁心接地电流为 43mA 小于规程允许的 100mA，因此不存在铁心多点接地引起过热的现象。

（3）根据测试结果，将故障点回路接触不良作为重点判断考虑对象，对 110、35kV 套管进行红外测温，均正常；变压器内部导电回路可动部分有：①110kV 有载调压开关；②35kV 无载调压开关触头；③35、10kV 绕组引出线与导电杆连接点测量。

9 月 8 日晚将变压器油放出，进入变压器本体对 35kV 调压开关进行检查发现 A、B、C 三相动、静触头有不同程度的烧伤现象。

设备停电后，进行 110kV 侧直流电阻测试，结果正常，对 35kV 额定档（3 档）进行直阻测试时，三相不平衡度达到 50%，在其他档位测试时，结果正常，经过综合判断，故障点在 35kV 调压开关处，见表 1-5。

表 1-5　直流电阻

档位	R_{AmO}(mΩ)	R_{BmO}(mΩ)	R_{CmO}(mΩ)	不平衡系数
1	33.54	33.86	33.92	1.13
2	32.46	32.71	32.90	1.35
3	31.48	32.11	31.19	2.91
4	32.61	32.88	33.05	1.34

9 月 9 日检修人员将调压开关烧损的动、静触头拆除，现场分析认为该调压开关触指烧伤的原因如下：

(1) 变压器 35kV 侧额定电流为 944.8A，最大电流为 994A，根据 JB/T 8637—1997《无励磁分接开关》的技术要求，分接开关长期载流触头额定通过电流应为最大额定通过电流的 1.2 倍（1192.8A），此调压开关的额定电流为 1000A，裕量偏小。

(2) 35kV 无载分接开关的额定挡触头弹簧压力不足，是造成触指部位接触电阻增大而发生高温过热的直接原因。

(3) 调压开关的触指材料、设计、制造工艺不能满足要求。

三、采取措施

(1) 针对此次故障，对该变压器厂家生产的容量为 40MVA 及以上的变压器进行了统计，对无载调压开关容量、生产厂家进行了确认。

(2) 有计划地对该变压器厂家生产的变压器进行预试，对重负荷主变压器每周取 2 次油样进行油务跟踪分析。

在以后的设备选型中，建议将负荷比较特殊的变压器中压侧调压开关容量增大，防止类似故障再次发生。

第四节　无励磁分接开关故障诊断攻略

变压器无励磁分接开关结构相对简单，不在变压器运行中进行档位调节，一般出现问题较少，因而相对来说人们对其检修维护不太重视，然而，由前述章节的事故案例可知，一旦无励磁分接开关发生故障，同样可能引起变压器的停运，从而造成重大的经济损失。

预防无励磁分接开关故障及事故首先应严格把关安装调过程，注意对其绝缘进行保护，防止受潮。运行的变压器每次调节分接头应先来回循环调动开关 3～5 次，以消除触头接触面上的氧化膜、油膜。锁定某个分接头后，必须进行该档位直流电阻的测量，另外还应加强变压器总体装配和例行试验阶段的监控。

无励磁分接开关的现场测试项目包括直流电阻测试和油色谱跟踪试验，经验表明油色谱试验对发现无励磁分接开关故障的效果并不很理想。比如某供电公司变压器在事故前并未从油色谱试验数据中发现异常；而另一供电公司变压器在事故发生前虽然从油色谱试验数据发现异常，但乙炔含量基本稳定，难以给予明确结论。

虽然直流电阻在对无励磁分接开关动、静触头接触不良缺陷时存在较大的局限性，但实践表明，直流电阻测试时目前为止发现无励磁分解开关故障唯一较有效的电气试验项目，是变压器的一项重要技术监督手段，因此在进行无励磁分接开关操作后必须进行此项试验。测量直流电阻最重要的是要对测试数据分析比较：①三相之间要进行比较分析；②测试值与出厂值及历次测试数据进行分析比较；③注意各相数值的特点及变化规律；④转换分接开关分接档位时进行多次测量。

近些年来，利用局部放电测试技术进行无励磁分接开关故障诊断得到了越来越多的关注，由于局部放电测试时需要施加很高的电压，因此可以发现无励磁分接开关引线相间绝缘距离不够或绝缘受潮的缺陷。然无励磁分接开关因故障而发生局部放电时，虽存在一定的特点，目前尚未发现特别明显的规律，若要将此技术运用到实际中，还需要进一步的数据和经验累积。

第二章 有载分接开关

第一节 有载分接开关概述

随着电力系统的发展，对电压质量的要求越来越高。众所周知，无功潮流的波动将影响系统电压的变化，而在无功充足的情况下利用有载分接开关调压是最方便、有效地控制电压质量的方法，因此在电力变压器中有载分接开关被广泛地应用。

有载分接开关是能在变压器励磁或负载状态下进行操作，用以调换线圈的分接连接位置的一种装置。通常它是由一个带过渡阻抗的切换开关和一个能带或不带转换选择器的分接选择器所组成，整个开关是通过驱动机构来进行操作的；在有些型式的分接开关中，切换开关和分接选择器的功能被结合成为一个选择开关。

从对国家电网公司系统拥有的110(66) kV及以上变压器的统计中，66～220kV有载调压变压器比重占得很大，66kV和110kV变压器几乎全部采用有载调压方式，以保证对用户供电的质量。

目前，对于有载调压变压器存在一定疑虑，主要的原因有三个：

(1) 有载调压开关是个动态设备，操动机构尤其容易出现故障。

(2) 带负荷调压存在一定风险，因此实际现场运用中多数采用空载调压或停电调整的方式，失去有载分接开关存在的意义。

(3) 有载调压开关价格昂贵，对于一些小容量的变压器而言成本较高，不够经济。

然而在全球能源互联的发展前景下，实现电压的自动调整将成为必然，因此要充分认识并面对有载分接开关存在的问题，从设备制造、运行管理和检修维护上分别入手，结合新兴技术，实现对有载分接开关的状态监测和故障诊断，最终保证有载调压变压器安全、优质和可靠的用电。

一、有载分接开关的类别

1. 有载分接开关的结构型式及分类

变压器用有载分接开关结构型式及分类见表2-1。

表2-1　变压器用有载分接开关的结构型式及分类

序号	分类特征	类别
1	整体结构	组合式
		复合式

序号	分类特征	类别
2	过渡阻抗	电阻式（单电阻过渡、双电阻过渡、四电阻过渡、六电阻过渡）
		电抗式
3	绝缘介质和切换介质	油浸式
		油浸式真空
		干式（干式真空、干式 SF_6 气体、空气式）
		SF_6 式
4	灭弧方式	自由开断
		强制熄弧
		油中熄弧
		真空熄弧
		SF_6 熄弧
5	相数	单相
		三相
		（Ⅰ＋Ⅱ）相
6	调压方式	线性调压
		正反调压
		粗细调压
7	调压部位	线端调压
		中部调压
		中性点调压
8	安装方式	埋入式安装
		外置型安装
		顶部引入传动
		中部引入传动
		平顶式（连箱盖）
		钟罩式
9	接触点方式	有触点
		无触点

2. 常见有载开关型谱

常见有载开关型谱见表 2-2。

表 2-2　常见有载开关型谱表

<table>
<tr><th colspan="2" rowspan="2">有载分接开关生产厂家</th><th colspan="3">油浸式</th><th colspan="2">油浸真空</th><th>干式真空</th></tr>
<tr><th>组合型</th><th colspan="2">复合型</th><th>组合型</th><th>复合型</th><th>组合型</th></tr>
<tr><td rowspan="2">上海华明</td><td>开关</td><td>CM、CMD</td><td colspan="2">CV、SV、SYJZ</td><td>SHZV、VCM</td><td>VCV</td><td>CVT、CZ</td></tr>
<tr><td>机构</td><td>CMA7、SHM</td><td colspan="2">CMA9、SHM</td><td>SHM</td><td></td><td>CMA9</td></tr>
<tr><td rowspan="2">贵州长征</td><td>开关</td><td>ZM（ZY1A）、ZMD、ZMB、ZMT、ZMG</td><td>ZV（FY30）</td><td>ZS（SY_X^IZ）</td><td>ZVM、ZVMD、ZVMG、ZVMT、ZVMB</td><td>ZVV</td><td>ZVK</td></tr>
<tr><td>机构</td><td>MA7B、MAE</td><td>MA9B、MAE</td><td></td><td>MA7B、MAE</td><td>MAE</td><td></td></tr>
</table>

续表

有载分接开关生产厂家		油浸式		油浸真空		干式真空
		组合型	复合型	组合型	复合型	组合型
西变组件	开关	Z	F	XBMV、XBZV	XBFV	
	机构	ZDCF-Ⅲ、DCY3	ZDCF-Ⅲ、DCF	ZDCF-Ⅲ、DCY3	ZDCF-Ⅲ、DCF	
MR	开关	M、MS、R、RM	V	VW、VR、VV	VVS	AVT、VT
	机构	ED	ED	ED	SDS、TDS	MOTOR/GEAR
ABB	开关	UCG、UCL、UCD、UCC	UBB、UZ	VUCG、VUCL	VUBB	—
	机构	BUL、BUE	BUL、BUE、BUF	BUL、BUE	BUL、BUE	—

注：资料由各制造厂提供，有可能在结构型式分类上有个别存在争议的型谱，仅供参考。

3. 有载分接开关分类

（1）按整体结构分类，分为组合式和复合式两大类。

1）组合式有载开关的结构特点为：开断电流的切换开关和分接选择的分接选择器功能独立，分步完成。即分接选择器触头是在无负载电流的状况下选择分接头之后，切换开关触头再进行切换把负荷电流转换到已选的另一个分接头上。

2）复合式有载开关把分接选择器和切换开关功能结合在一起，其触头是在带负荷状况下一次性完成选择切换分接头的任务。

（2）按过渡阻抗分类，分为电阻式和电抗式两种。目前国内生产的有载开关均为电阻式。按过渡电阻的数量又分为单电阻过渡式、双电阻过渡式、四电阻过渡式、六电阻过渡式。

（3）按绝缘介质和切换介质分类，分为油浸式有载开关、油浸式真空有载开关、干式有载开关。干式有载开关按其绝缘介质和灭弧介质又分为干式真空、干式 SF_6 气体和空气式有载开关。

（4）按相数分类，分为单相、三相和特殊设计的（Ⅰ＋Ⅱ）相。

（5）按调压方式分类，分为线性调压、正反调压和粗细调压三种。

（6）按安装方式分类，有埋入式安装与外置式安装、顶部引入传动与中部引入传动、平顶式（连箱盖）安装与钟罩式安装等方式。

（7）按触点方式分类，分为有触点与无触点两种。无触点有载开关也称为电子式有载开关，负载从一个分接转换到另一分接时由晶闸管这类电力电子器件来完成，因而无电弧产生，从根本上解决了有载开关电气寿命短的问题。

（8）按开断电流方式分为油中自由开断、空气中强制开断和真空状态开断（即真空有载分接开关）。

二、常用有载分接开关型号

常用有载分接开关型号如图 2-1～图 2-7 所示。

华明有载分接开关系列

□□-□□/□□-□□□□□

产品型号	CMD	油中熄弧 适用于油浸式变压器	
	CM		
	CV/SV		
	SHZV	真空熄弧 适用于油浸式变压器	
	VCM		
	VCV		
	CZ	真空熄弧 适用于干式变压器	
	CVT		
相数	Ⅲ	三相	
	Ⅱ	两相	
	Ⅰ	单相	
最大额定通过电流 I_{um}	160A	CVT	
	350A	CV、VCV	
	400A	CMD、SHZV	
	500A	CM、SV、VCM、VCV、CZ	
	600A	CMD、CM、SHZV、VCM	
	700A	CV Ⅰ	
	800A	CM Ⅰ、VCM Ⅰ	
	1000A	CMD、SHZV	
	1200A	CM Ⅰ、VCM Ⅰ	
	1500A		
	1600A	CMD Ⅰ、SHZV Ⅰ	
	2400A		
联结方式(仅三相开关)	Y	用于绕组的中性点	
	D	用于除绕组中性点外的其他位置	
最高工作电压 U_m	12kV	CVT	
	40.5kV	CV/SV、VCV、CZ	
	72.5kV	CMD、CM、CV/SV、SHZV、VCM、VCV	
	126kV	CMD、CM、SHZV、VCM、VCV	
	145kV	VCV	
	170kV	CMD、CM、SHZV、VCM	
	252kV	CMD、CM、SHZV、VCM	
分接选择器绝缘等级(仅组合式)	B	CMD、CM、SHZV、VCM	
	C		
	D		
	DE		
		不带转换选择器	带转换选择器
触头数	9	CZ、CVT	
圆周触头数	10	CMD、CM、CV/SV SHZV、VCM、VCV	CMD、CM、CV/SV SHZV、VCM、VCV
	12		
	14[1]		
	16	CMD、CM SHZV、VCM	CMD、CM SHZV、VCM
	18		
	触头数	不带转换选择器	带转换选择器
最大工作位置数[2)]	9	9	
	10	10	19
	12	12	23
	14	14	27
	16	16	31
	18	18	35
中间位置数	0	0个中间位置（无转换选择器时）	
	1	1个中间位置	
	3	3个中间位置	
转换选择器	W	正反调	
	G	粗细调	
电位电阻	R	带电位电阻时加R	

注：1.SV、VCV最大触头数为12。
2.CM多级线性调最大工作位置数为34，CM多级粗细调最大工作位置数为107。

图 2-1　上海华明典型的有载分接开关型号表示方法

表 2-3　　　　　　　　SHZV 型（常规）系列有载分接开关技术数据

型号		SHZⅧ			SHZⅥ				
最大额定通过电流（A）		400	600	1000	400	600	1000	1600	2400
额定频率（Hz）		50 或 60							
联结方式		三相Y接			单相任意连接				
最大额定级电压（V）		4000							
额定级容量（kVA）		1500	1600	3000	1500	1600	3000	4400	5600
承受短路能力（kA）	热稳定（rms 3s）	6	8	12	6	8	12	24	24
	动稳定（峰值）	15	20	30	15	20	30	60	60
最大工作分接位置数		不带转换选择器：最多 14 个；带转换选择器：最多最大 27 个							
对地绝缘水平	设备最高电压（kV）	72.5		126		170		252	
	额定外施耐受电压（kV/50Hz，1min）	140		230		325		460	
	额定雷电冲击耐受电压（kV，1.2/50μs）	325		550		750		1050	
分接选择器		按绝缘水平分为：B、C、D、DE 四种规格							
机械寿命		150 万次							
电气寿命		30 万次							
切换开关油室	工作压力	0.03MPa							
	密封性能	0.08MPa 24h 不渗漏							
	超压保护	爆破盖 300±20% kPa 超压爆破							
	保护继电器	整定油速 1.0m/s±10%							
配用电动机构		SHM-Ⅲ或 CMA7							

注：用于选择器分布触头数为 10 和 14 的线性调、正反调、粗细调开关。

表 2-4　　　　　　SHZV 型（条板式结构）系列有载分接开关技术数据

项	型号			SHZⅧ	SHZⅥ		
1	最大额定通过电流（A）			600	600	1200	1500
2	额定频率（Hz）			50 或 60			
3	联结方式			三相Y接	单相任意连接		
4	最大额定级电压（V）			4000			
5	额定级容量（kVA）			1600	1600	3000	4000
6	承受短路能力（kA）		热稳定（rms 3s）	8	8	24	24
			动稳定（峰值）	20	20	60	60
7	最大工作分接位置数		不带转换选择器：最多 18 个；带转换选择器：最多最大 35 个				
8	对地绝缘水平	设备最高电压（kV）		72.5	126	170	252
		额定外施耐受电压（kV/50Hz，1min）		140	230	325	460
		额定雷电冲击耐受电压（kV，1.2/50μs）		325	550	750	1050
9	分接选择器			按绝缘水平分为：B、C、D、DE 四种规格			
10	机械寿命			150 万次			
11	电气寿命			30 万次			
12	切换开关油室		工作压力	0.03MPa			
			密封性能	0.08MPa 24h 不渗漏			
			超压保护	爆破盖 300±20%kPa 超压爆破			
			保护继电器	整定油速 1.0m/s±10%			
13	配用电动机构			SHM-Ⅲ或 CMA7			

贵州长征有载分接开关　　ZM Ⅲ 600 - 72.5 / C - 10 19 3 W

产品型号	ZM、ZMB、ZMD、ZMG		油浸式
	ZV		
	ZVM、ZVMB、ZVMD、ZVMG		油浸真空
	ZVV		
	ZVK		干式真空
相数	Ⅰ	单相	
	Ⅱ	两相	
	Ⅲ	三相	
最大额定通过电流(A)	160	ZVK	
	350	ZV、ZVV、ZM、ZMB、ZMD	
	400	ZVM、ZVMB、ZVMD	
	500	ZM、ZMB、ZMD、ZV	
		ZVM、ZVMB、ZVMD、ZVV	
	600	ZM、ZMB、ZMD	
		ZVM、ZVMB、ZVMD	
	1000	ZMG、ZVMG	
	800	ZMI、ZMBI、ZMDI ZVMI、ZVMBI、ZVMDI	
	1200		
	1500		
	2000	ZMGI、ZVMGI	
联结方式	Y	适用于绕组中性点	
	D	适用于除绕组中性点外的其他位置	
最高工作电压(kV)	12	ZVK	
	40.5	ZV/ZVV、ZM/ZVM、ZMB/ZVMB、 ZMD/ZVMD、ZMG/ZVMG	
	72.5		
	126	ZM/ZVM、ZMB/ZVMB、 ZMD/ZVMD、ZMG/ZVMG	
	170		
	252		
分接选择器等级	B	ZM/ZVM、ZMB/ZVMB、 ZMD/ZVMD、ZMG/ZVMG	
	C		
	D		
每相圆周触头数	触头数	不带转换选择器	带转换选择器
	9	ZVK	
	10	ZV/ZVV、ZM/ZVM、ZMB/ZVMB、 ZMD/ZVMD、ZMG/ZVMG	
	12		
	14		
	16	ZM/ZVM、ZMB/ZVMB、 ZMD/ZVMD、ZMG/ZVMG	
	18		
最大工作位置数	触头数	不带转换选择器	带转换选择器
	9	9	
	10	10	19
	12	12	23
	14	14	27
	16	16	31
	18	18	35
中间位置数	0	0个中间位置（线性调，无转换选择器）	
	1	1个中间位置	
	3	3个中间位置	
转换选择器	W	正反调	
	G	粗细调	

图 2-2　贵州长征电气典型的有载分接开关型号表示方法

图 2-3　真空有载分接开关（ZVMD，贵州长征）

示例：M Ⅲ 600 Y - 72.5 C 10 19 1 W R

型号		M
相数	单相	Ⅰ
	两相	Ⅱ
	三相	Ⅲ
最大额定通过电流(A)	MⅠ，MⅡ，MⅢ	350
	MⅠ，MⅡ，MⅢ	500
	MⅠ，MⅡ，MⅢ	600
	MⅠ	800
	MⅠ	1200
	MⅠ	1500
用于	中性点	Y
	任意点	D
设备最高工作电压(kV)		72.5
		123
		170
		245
		300
分解选择器绝缘等级		B
		C
		D
		DE
分接选择器触头数		10
		12
		14
		16
		18
		22
最大工作位置数		19
		23
		27
		31
		35
中间位置数	无转换选择器	0
	1个中间位置	1
	3个中间位置	3
转换器类型	极性转换	W
	粗细转换	R
电位束缚措施	电位电阻	R
	电位开关	S
	带电阻的开关	P

图 2-4　MR 公司典型的有载分接开关型号表示方法

(V)UC R N 38 60 C

型式	V	油浸真空灭弧，目前有VUCG、VUCL、VUBB
	UCC	组合型埋入式安装
	UCD	
	UCG	
	UCL	
	UBB	复合型埋入式安装
	UZE	复合型外置式安装
	UZF	
调压方式	L	线性调
	R	正/反调
	D	粗/细调
	N	中性点调压
调压位置	E	单相，(V)UBB没有此型号
	T	三相全绝缘
	B	角接，只适用UC型

绝缘水平	雷电冲击耐受(kV)	工频耐受(kV)	型号	Um kV
	200	70	(V)UBB，UZ	36
	250	95	UZ	52
	350	140	UBB	72.5
	380	150	VUBB，UC，UZ	100
	550	230	UZ	123
	650	275	UC，UZ	145
	750	325	UCG	170
	1050	460	UC	300
	1175	510	UC	362订货要求

最大额定通过电流(A)	电流值	型号
	150	UBB，UZ
	250	VUBB
	300	UCG，UZ
	400	(V)UBB，UCG
	450	VUCG
	500	UBB，UCG，UZ
	600	VUBB，UCG，UZ
	700	VUCG
	800	VUCG
	900	UCL，UCG.E/T
	1000	UCC，VUCL，VUCG.E/T
	1200	UCG.E/T
	1300	VUCL
	1500	UCG，E/T
	1600	UCC
	1800	UCL，E/T
	2400	UCL，E/T

分接选择器	C	UCG
	Ⅲ	(V)UCG，(V)UCL，UCD
	Ⅳ	UCC
	F	(V)UCL，UCC

图 2-5 ABB公司典型的有载分接开关型号表示方法

图 2-6　分接开关（ABB）

□□-□□/□□-□□□□

产品型号	Z	油中熄弧 适用于油浸式变压器	
	F		
	XBMV	真空熄弧 适用于油浸式变压器	
	XBZV		
	XBFV		
相数	Ⅲ	三相	
	Ⅱ	两相	
	Ⅰ	单相	
最大额定通过电流 I_{um}	350A	F、XBFV	
	500A	Z、F、XBMV、XBFV	
	600A	Z、XBMV、XBZV	
	700A	FI	
	800A	ZI、XBMVI	
	1000A	XBZVI	
	1200A	ZI、XBMVI	
	1500A	ZI、XBMVI	
	1600A	XBZVI	
联接方式（仅三相开关）	Y	用于绕组的中性点	
	D	用于除绕组中性点外的其他位置	
设备最高电压 U_m	40.5 kV	Z、F、XBMV、XBFV	
	72.5 kV	Z、F、XBMV、XBZV、XBFV	
	126 kV	Z、XBMV、XBZV、XBFV	
	145 kV	XBFV	
	170 kV	Z、F、XBMV、XBZV	
	252 kV	Z、XBMV、XBZV	
分接选择器绝缘等级	B、C、D、DE	Z、XBMV、XBZV	
固有分接位置数	10	Z、F、XBMV、XBZV、XBFV	
	12		
	14		
	16		
	18		
最大工作位置数	触头数	不带转换选择器	带转换选择器
	10	10	19
	12	12	23
	14	14	27
	16	16	31
	18	18	35
中间位置数	0	0个中间位置（无转换选择器）	
	1	1个中间位置	
	3	3个中间位置	
转换选择器	W	正反调	
	G	粗细调	

图 2-7　西变组件有限公司典型的载分接开关号表示方法

三、有载分接开关的结构原理

有载开关的基本电路主要由过渡电路、选择电路和基本调压电路组成，它们分别对应的主要元件为切换开关、分接选择器和转换选择器。

1. 基本电路

（1）过渡电路：

1）复合式有载分接开关的过渡电路如图 2-8 所示。

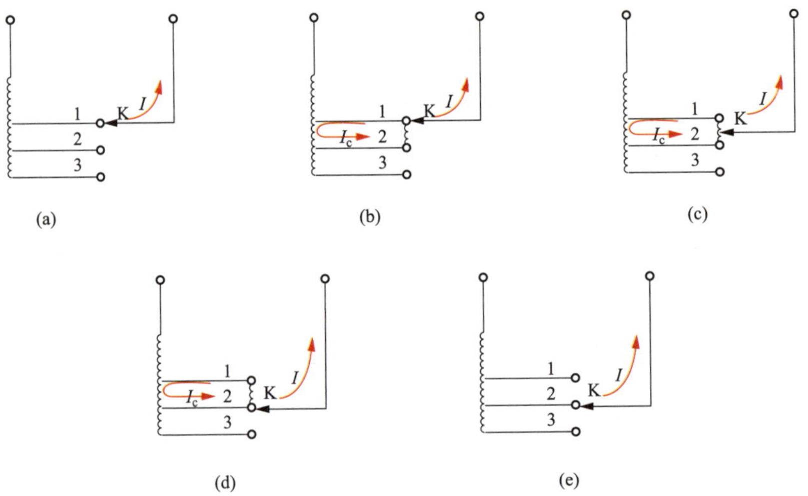

图 2-8 复合式有载开关过渡电路切换过程

2）组合式有载分接开关的过渡电路如图 2-9 所示。

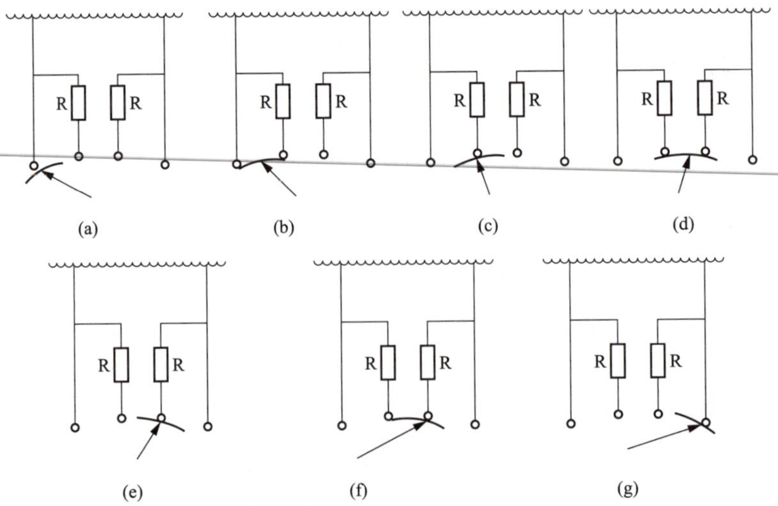

图 2-9 组合式有载开关过渡电路切换过程

（2）选择电路。选择电路是对应的元件是有载开关的分接选择器，见图 2-10。

（3）调压电路。基本调压电路分为线性调、正反调和粗细调三种，见图 2-11。

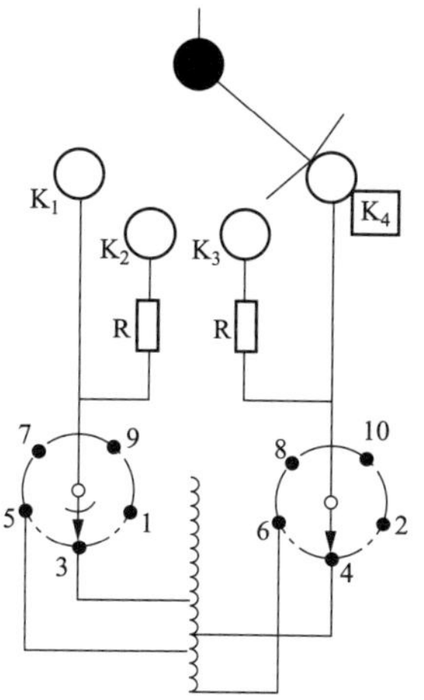

图 2-10　选择电路示意图

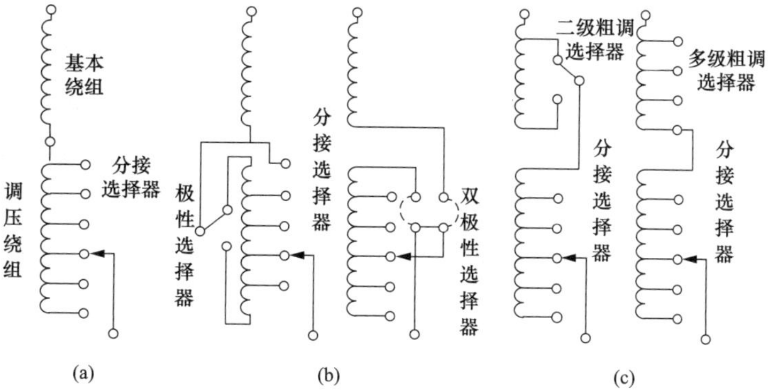

图 2-11　三种基本调压电路

（a）线性调；（b）正反调；（c）粗细调

2. 基本结构

（1）复合式有载开关的整体结构。复合式有载开关由选择开关、电动机构等主要部件构成，其整体结构如图 2-12 所示。复合式有载开关切换与选择功能合一。

复合式有载开关组成部件如下：

- 复合式有载开关
  - 选择开关
    - 快速机构——动触头转轴动作动力源
    - 触头体系——转换负载电流
    - 过渡电阻——桥装过渡触头
    - 转换选择器——扩大调压范围
    - 油室——防止污油和变压器本体相混
  - 电动机构
    - 齿轮传动机构——传动有载开关动力源
    - 控制及指示机构——控制和指示分接位置
    - 圆锥齿轮与传动轴——连接开关与电动机构

（2）组合式有载开关的整体结构。组合式有载开关由切换开关、转换选择器、电动机构等主要部件构成，如图 2-13 所示。

组合式有载开关组成部件如下：

- 组合式有载开关
  - 切换开关
    - 快速机构——动触头转轴动作动力源
    - 切换机构——切换负载电流
    - 过渡电阻——桥装过渡触头
    - 油室——防止污油和变压器本体相混
  - 分接选择器
    - 级进传动机构——选择器动力源
    - 触头系统——选择分接头
    - 转换器选择——扩大调压级数
  - 电动机构
    - 齿轮传动机构——传动有载开关动力源
    - 控制及指示机构——控制和指示分接位置
    - 伞齿轮与传动机构——连接开关和电动机构

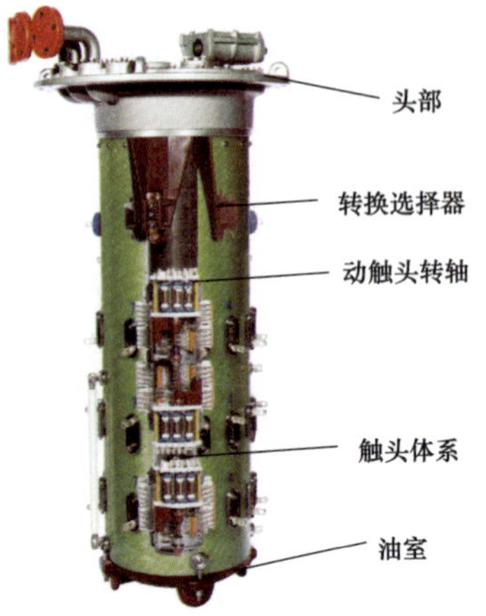

图 2-12　复合式有载开关的整体结构

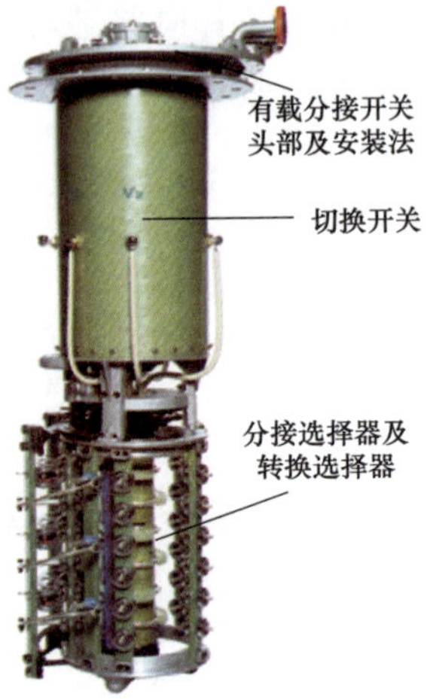

图 2-13　组合式有载开关整体结构

（3）UC 型有载开关的整体结构。UC 型有载开关由切换开关、分接选择器、电动机构等主要部件构成，如图 2-14 所示。

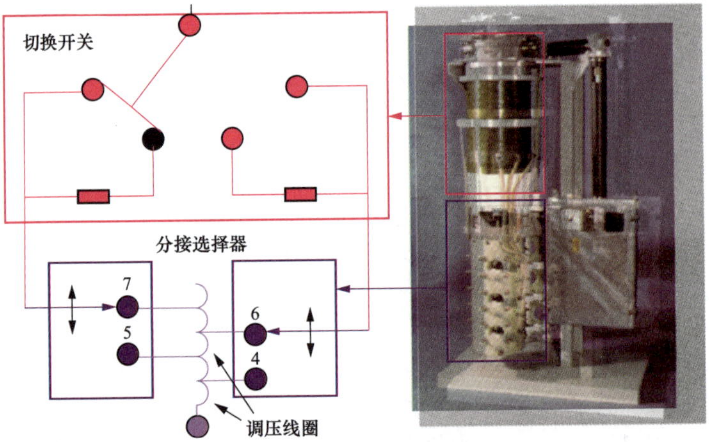

图 2-14　UC 型有载开关整体结构

UC 型有载开关组成部件与 M 型有载开关主要区别为 UC 型切换开关的触头系统为摆臂式设计，如图 2-15 所示。

（4）真空有载分接开关。变压器真空有载开关与常规有载开关的区别：用真空泡代替弧触头，分接开关的开断特性不依赖于绝缘油的状态。电弧在密封真空管中熄弧，电弧和炽热气体不外露，分接开关油室内的油不会碳化和污染，分接开关的绝缘性能显著提高，油的使用年限延长，无需在线净油装置，减少了设备投资和维护费用。真空管开断能力强，断口介质恢复快，熄弧可靠，燃弧时间短，弧压低，电弧能量小，触头烧损小，触头电气寿命长，延长维修周期，少维修或无需更换触头，进行常规检查可减少停工时间。真空管只起着瞬间载流与负载开断，长期载流由旁通主触头承担。因而，分接开关的接触电阻小、损耗小、温升低，抗短路能力强。

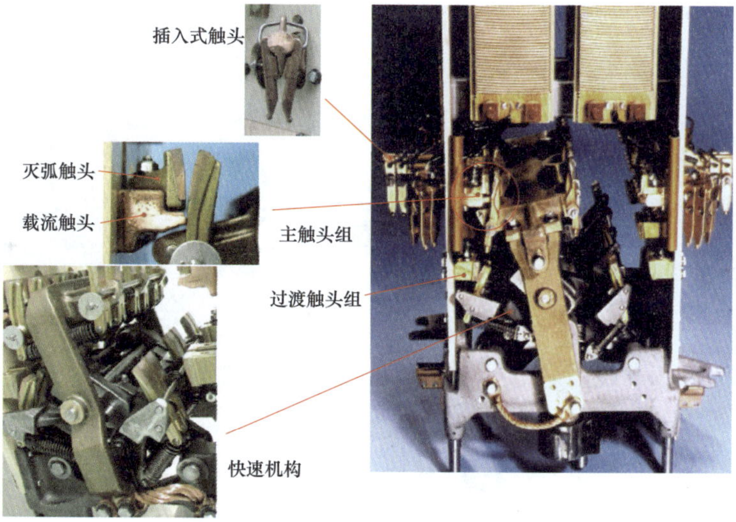

图 2-15　UC 型切换开关结构

1）VRC 型真空有载分接开关。通过利用主通断触头和过渡触头的真空管代替原铜钨触头主通断触头和过渡触头，结构如图 2-16 所示。

2）VUC 型真空有载分接开关。通过利用一个辅助触头系统与真空断流器结合，每相需两个真空断流器。其工作采用非对称尖旗循环原理。一个机械校正器确保操作方向，以得到最低的开断压力和触头磨损。负载借助真空断流器和辅助触点由一个分接变换到另一个分接。在不可预见的真空断流器故障发生时，辅助触点也能断开负载电流。在工作位置，电流是通过辅助触点和真空断流器传递的。触头系统由一套紧凑的机械系统动作，此机械系统包括整套的驱动弹簧、机械校正器、用来动作真空断流器的坚固的机械系统和操作辅助触头的槽轮机构。VUC 型切换开关结构见图 2-17。

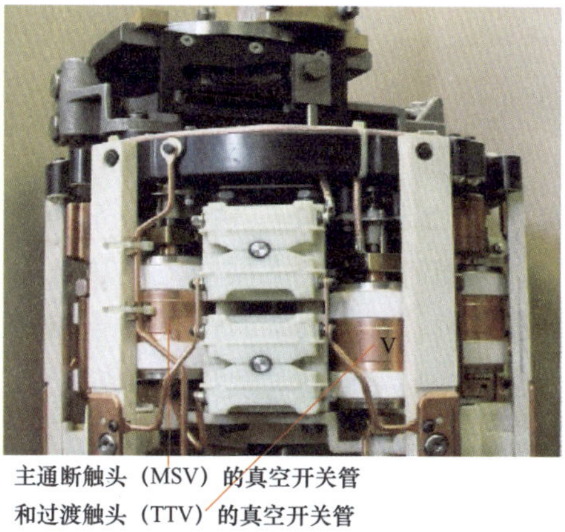

图 2-16　VRC 触头结构

图 2-17　VUC 型切换开关结构图

3）SHZV 型真空有载分接开关。开关长期载流由主触头 A、B 承担，主真空管 V1、V2 支路仅分流一小部分，因而真空管温升低，保证其良好的开断性能。

每只真空管串联一对机械转换触头 J1、J2，真空管与转换触头间采用“先断后通”的动作顺序，保证开断电弧在真空管内熄灭，其主要结构及工作原理如图 2-18 所示。

图 2-18　SHZV 型切换开关结构图

转换触头本身也具备一定灭弧能力，在真空管因漏气或绝缘下降不能熄灭电弧时，在一定次数内可由转换触头灭弧，可有效防止真空开断装置开断失败导致的故障扩大化。

4）电动机构。电动机构由箱体、传动装置、控制装置和电气控制设备等组成。

a. 传动装置包括电动机、楔形皮带轮、终端位置保护机械制动装置、手动操作装置等。传动机构安装在铸铝合金的箱内，电动机通过十齿的楔形皮带减速。手动操作是通过与大楔形轮上一对伞齿轮传动，并带有手动与电动操作的安全联锁保护装置。

b. 控制装置由控制行程开关的凸轮盘、分接位置变换指示轮、机械位置指示器、操作次数计数器、远方位置信号发送器等组成。分接变换指示轮和凸轮盘均为每个分接变换操作转动一圈。分接变换指示轮分成 33 格，红线左右两格的绿色带域指示凸轮行程开关的“停止”工作位置。机械位置指示轮上还带有两端点位置的机械限位和电气限位的保护机构。远方位置信号发送器与控制室内的分接位置显示器联用。

c. 电气控制设备由交流接触器、顺序开关、控制回路等组成。在电动机构中，电器元件几乎是集中布置。为了避免布置错误，制造厂一般均提供二次回路及电器元件布置图和相应符号标志。

d. 机械动作原理。电动机构采用逐级控制的工作原理，它的动作由单一控制信号启动后不受外界干扰而完成。此动作取决于每一分接变换操作过程转动一圈的级进控制凸轮盘。

四、有载分接开关的试验简介

1. 出厂试验

（1）触头开距测量（选做）；

（2）过渡电阻器阻值测量；

（3）转动力矩测量；

（4）分接开关触头动作顺序测量；

（5）切换开关触头切换程序测量；

（6）机械运转试验；

（7）油室密封试验；

（8）绝缘试验；

（9）电动机构试验。

2. 型式试验

（1）触头温升试验；

（2）开断试验；

（3）短路电流试验；

（4）过渡阻抗试验；

（5）机械试验；

（6）绝缘试验。

3. 特殊试验

（1）油室的试验；

（2）分接开关机械堵转试验；

（3）噪声测试。

4. 交接试验

（1）变压器带电前应进行切换过程试验，检查切换开关的全部动作顺序，测量过渡电阻阻值和切换时间。测得的过渡电阻阻值、三相同步偏差、切换时间的数值、正反相切换时间偏差均符合制造厂技术要求。由于变压器结构及接线原因无法测量的，不进行该项试验。

（2）在变压器无电压下，手动操作不少于2个循环、电动操作不少于5个循环。其中电动操作时电源电压为额定电压的85%及以上。操作无卡涩或连动，电气和机械限位正常。

（3）循环操作后进行绕组连同套管在所有分接下直流电阻和电压比测量。

（4）在变压器带电条件下进行有载调压开关电动操作，动作应正常。操作过程中，各侧电压应在系统电压允许范围内。

（5）绝缘油注入切换开关油箱前，其击穿电压应符合相关要求。

（6）测量二次回路绝缘电阻不低于 1MΩ。

5. 检查维护

（1）以下步骤可能会因制造商或型号的不同有所差异，必要时参考设备技术文件。基准周期为 1 年的检查项目：

1）储油柜、呼吸器和油位指示器，应按其技术文件要求检查；

2）在线滤油器，应按其技术文件要求检查滤芯；

3）打开电动机构箱，检查是否有任何松动、生锈；检查加热器是否正常；

4）记录动作次数；

5）如有可能，通过操作 1 步再返回的方法，检查电机和计数器的功能。

（2）110(66) kV 及以上基准周期为 3 年、35kV 及以下基准周期为 4 年的检查项目：

1）在手摇操作正常的情况下，就地电动和远方各进行一个循环的操作，无异常；

2）检查紧急停止功能以及限位装置；

3）在绕组电阻测试之前检查动作特性，测量切换时间；有条件时测量过渡电阻，电阻值的初值差不超过±10%；

4）油质试验：要求一类变压器油耐受电压不小于 30kV，微水不大于 4×10^{-5}，二类变压器油耐受电压不小于 40kV，微水不大于 30×10^{-5}；不满足要求时，需要对油进行过滤处理，或者换新油。

第二节　有载分接开关常见故障及处理

一、电动操动机构及二次回路常见故障

电动操动机构在长期使用过程中，与有载分接开关（以下简称有载开关）本体相比，出现故障的几率要高得多。

（1）合上电源后立即跳闸。

1）故障原因：电动机保护开关跳闸回路接线不正确。

2）处理方法：检查紧急制动回路接线是否错误；检查联动保护回路接线是否错误；检查电源回路是否有短路。

（2）启动操作后电机保护开关跳闸。

1）故障原因：

a. 电源相序有可能接反；

b. 联动保护时间继电器整定时间不合适；

c. 在极限位置电气限位开关失灵。

2）处理方法：

a. 检查电源相序，将三相任倒两相后重试；

b. 检查联动保护时间继电器整定时间，对时间继电器进行调整后重试；

c. 对于某些电动机构，有载开关在极限位置，若继续向极限位置方向操作，由于电气限位开关失灵，机械限位堵转，电机力矩增大而电流剧增，热偶元件动作也会使电机保护开关跳闸。调整后重试。

（3）滑档。

1）故障原因：

a. 交流接触器失电延时；

b. 顺序开关与交流接触器动作配合不当造成；

c. 电动机制动性能不符合要求。

2）处理方法：

a. 检查启动回路交流接触器；

b. 检查顺序开关是否故障失效；

c. 检查电动机制动性能，是否存在制动后向前滑动超越制动区域。

（4）手摇操作正常，而就地电动操作拒动。

1）故障原因：

a. 电源电压不正常；

b. 手摇闭锁开关触点未接通；

c. 控制回路和电动机电源回路某处导线松脱或接触不良。

2）处理方法：

a. 检查电源电压是否失电或缺相；

b. 检查手摇机构中闭锁弹簧片是否未复位；

c. 检查控制回路和电动机电源回路是否存在导线松脱或接触不良。

（5）电动机构仅能作一个方向分接变换操作。

1）故障原因：

a. 限位开关未复位；

b. 启动回路交流接触器动断触点失效。

2）处理方法：

a. 检查限位开关是否复位；

b. 检查启动回路交流接触器互锁的动断触点是否正常。

（6）就地电动操作正常，远方控制操作拒动。

1）故障原因：远方控制操作回路故障所致。

2）处理方法：重点检查远方控制回路在电动机构输出端子排和控制室接线端子排

接线端子是否有松脱现象。

二、有载开关本体常见故障及处理方法

(1) 运行中油流继电器动作。

1) 故障原因：有载开关油室内部短路故障或保护误动。

2) 处理方法：对有载开关进行吊芯检查，同时对变压器本体油采样进行色谱分析，对变压器进行绕组变形试验，必要时安排对变压器进行吊芯检查。

保护误动，安排对保护进行传动检查。

(2) 电动机构完成分接变换，有载开关未变换。

1) 故障原因：

a. 有载开关联轴脱落；

b. 储能机构可能失灵；

c. 断轴。

电动机构与开关本体连接不正确。

2) 处理方法：

a. 检查有载开关水平和垂直连接轴是否脱开；

b. 吊芯检查储能机构；

c. 吊芯检查，重新安装调试。

(3) 变压器变比不合格。

1) 故障原因：

a. 电动机构指示的分接位置与实际不符；

b. 分接引线连接有错误。

2) 处理方法：

a. 检查有载开关与电动机构分接位置是否一致；

b. 检查分接引线连接是否有错误。

(4) 连同变压器测量直流电阻不合格或直流电阻呈不稳定状态。

1) 故障原因：在个别位置上直流电阻异常，且三相在这一位置都出现这种情况，有可能是该分接位置经常不运行，触头表面形成银硫化物或铜硫化物造成。

2) 处理方法：操作多次循环后再测试。

第三节　有载分接开关故障案例

案例一　有载分接开关复装不到位引起的220kV主变压器跳闸

一、故障情况

某220kV变电站1号主变压器有载开关由分接2向分接1切换时，B相有载分接开

关重瓦斯动作导致主变压器跳闸。

二、故障诊断

故障发生后，检修人员首先对变压器进行外观检查，发现B相分接开关气体继电器充满气体。随后进行诊断性电气试验，数据正常；本体油色谱数据无明显变化；但B相有载分接开关绝缘筒内油中总烃含量和乙炔含量明显高于A相和C相。在进一步检查时发现A、B、C三相分接开关机械指示器显示不一致，A相显示为14，B、C相显示为15，随后通过多次手动调节分接开关，发现分接开关在切换过程中有A相未动作现象发生，判断不仅仅是B相分接开关存在问题，随即决定将分接开关A、B、C三相都吊芯检查。

打开顶盖，抽干油后，发现B相筒体内油质严重发黑，发生严重的碳化现象，油中沉积大量的游离碳，而A、C两相油基本良好；分别取出三相芯体，发现B相触头烧损较A、C两相严重，但三相内部都没有发现明显的放电痕迹。紧接着发现位于筒体底部的驱动盘表面异常，其中A相驱动盘表面有一圆环状摩擦痕迹，B、C两相驱动盘表面有明显的挤压痕迹，见图2-19。

图2-19　有载开关吊芯检查结果

(a) A相驱动盘；(b) B相驱动盘；(c) C相驱动盘；(d) 芯体安装示意图

通过现场吊芯检查，除上述驱动盘受损外未发现切换开关结构上有其他损伤，触头、过渡电阻基本正常。

UC型有载分接开关的选择开关芯体通过导向槽和3个定位销与筒体相连，由于在复装时芯体底部的驱动柄不一定能够正确地插入驱动盘上的凹槽，故要求芯体复装后需手动调节 3 个分接位置，以确保驱动柄滑入驱动盘的凹槽中。综合上述情况，可以确定该有载分接开关在上次大修后存在复装未到位，即选择开关芯体底部的驱动柄未正确地插入驱动盘上的凹槽，而是压在了驱动盘上表面。在驱动柄压在驱动盘的情况下，出现芯体整体上升约 2cm，切换开关定触头与筒壁定触头的接触处于非正常位置。导致在分接变换过程中出现异常的电弧放电现象，进而发生了 B 相有载分接开关重瓦斯动作的故障。

三、预防措施

加强变压器有载开关的检修管理，严格按照制造厂技术文件开展变压器有载开关检修工作。对于 2000 年以前制造的 UC 型有载开关进行停电排查，确认驱动柄滑入驱动盘的凹槽中。

案例二　真空有载分接开关切换不到位引起 110kV 主变压器跳闸

一、故障情况

某 110kV 变电站 3 号主变压器“本体保护”动作跳开高、低压侧开关。现场检查主变压器本体重瓦斯、差动保护、有载重瓦斯动作，本体压力释放阀动作喷油，有载开关顶盖防爆膜被冲开，有载开关储油柜油位跌至零，本体及有载气体继电器均有故障气体，故障时主变压器有载开关受 VQC 系统控制从 3 档调至 4 档。

二、故障诊断

故障后立即对变压器本体进行油色谱分析，其中乙炔达 203.9×10^{-6}，显示本体内部发生了严重放电故障，试验数据见表 2-5。

表 2-5　故障前后油色谱数据

项目 / 数据 / 时间	氢	甲烷	乙烷	乙烯	乙炔	总烃	一氧化碳	二氧化碳	三比值结论
故障前	18	2.3	0.5	0.4	0	3.2	143	419	正常
故障后	146	60.4	10	132.6	203.9	406.9	136	338	102 电弧放电

变压器置检修后，进行诊断性试验，其中 4 档的直流电阻测试正常，调到其他档位，发现均无法测出电阻值，分析内部电气连接已断开，A、B 相在 9 档分接位置均为 1.68Ω，大大超过正常的 0.2Ω，显示内部接触不良。

绝缘电阻测试正常，高压绕组对地 6000/8000MΩ，低压绕组 4000/6000MΩ。初步分析该变压器内部发生严重的放电故障。

变压器返厂后对有载开关、变压器进行吊芯检查，解体发现有载开关切换开关、分接选择器均存在较严重的放电烧蚀痕迹，切换芯子部分一相主触头严重烧损、真空泡底部被灼烧出一个洞、选择器第 3 档 BC 相有电弧烧蚀痕迹，变压器部分分接引线受电动力作用扭曲变形，线圈本体外部未见异常，解体结果如图 2-20 所示。

(a) (b) (c) (d) (e) (f)

图 2-20 有载开关故障图

(a) 主触头烧损；(b) 真空泡烧损；(c) 静触头烧损；(d) 引线扭曲；
(e) 另两相主触头烧熔；(f) 选择器触头放电

该有载开关结构见图 2-21。

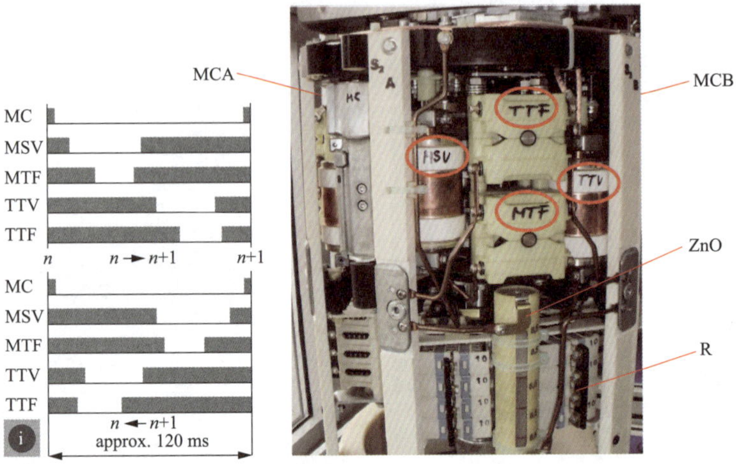

图 2-21　有载开关结构图

有载开关动作原理见图 2-22。

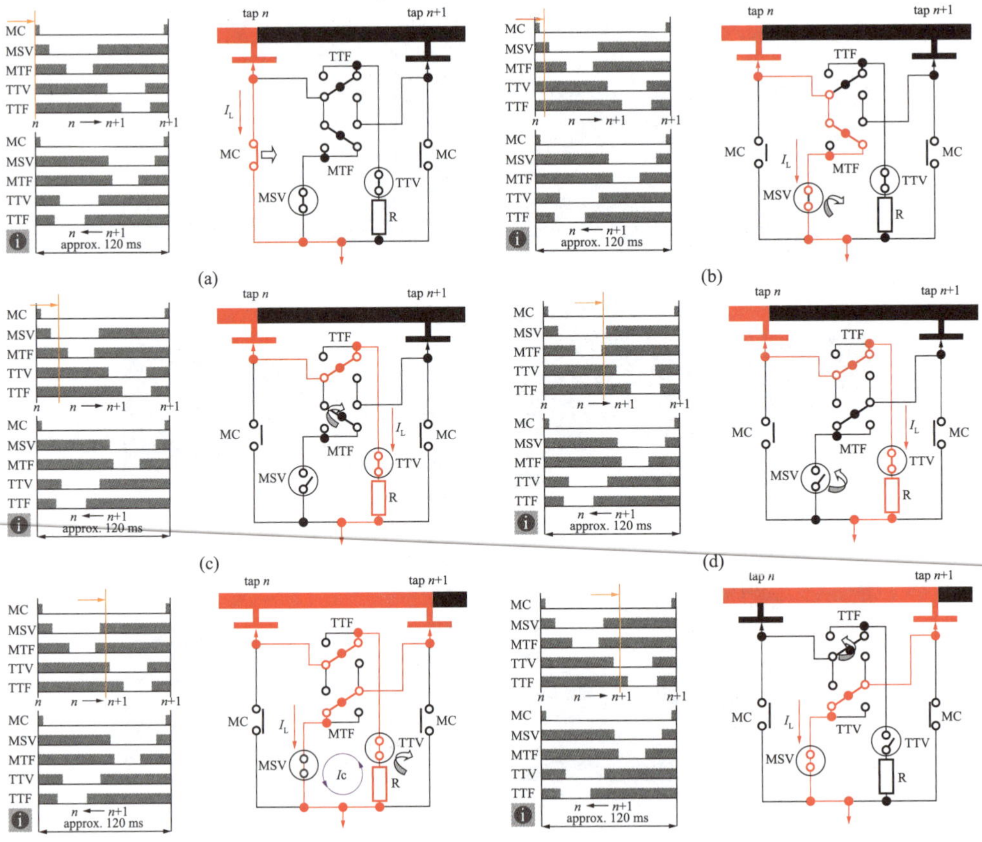

图 2-22　有载开关动作原理图（一）

(a) 第一步；(b) 第二步；(c) 第三步；(d) 第四步；(e) 第五步；(f) 第六步

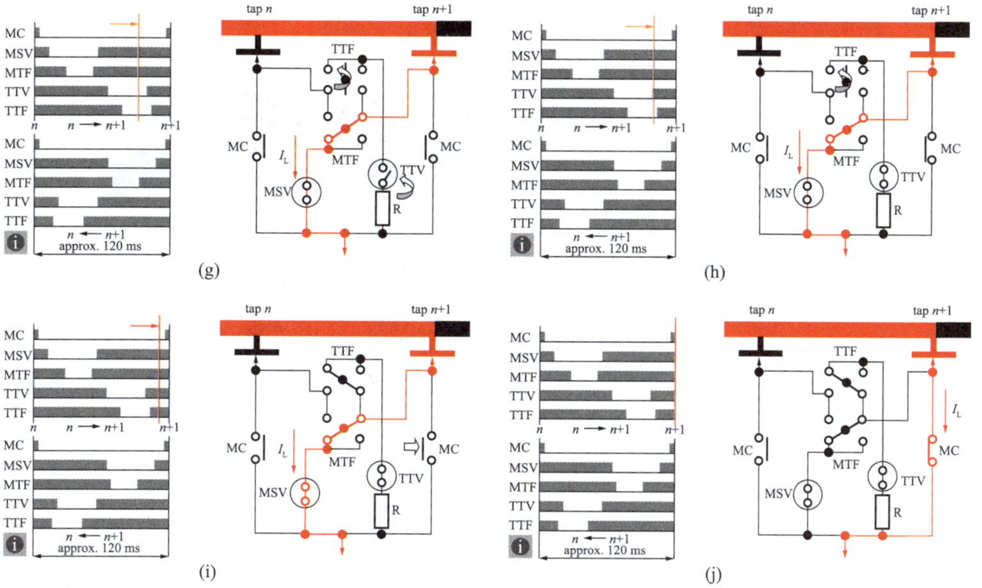

图 2-22　有载开关动作原理图（二）

（g）第七步；（h）第八步；（i）第九步；（j）第十步

从切换开关三相主触头均有烧溶点的异常分析，应为开关切换不到位，导致 3、4 档之间的分接线圈短路，短路发热使选择开关部分绝缘油气化，绝缘降低致使 3 档 B、C 相之间短路。

三、预防措施

制造厂排查同批次产品，停电更换有载切换芯子。

案例三　二次引线受潮引起的 220kV 主变压器有载分接开关重瓦斯动作跳闸

一、故障情况

某变电站 220kV2 号主变压器有载开关重瓦斯动作，主变压器三侧开关跳闸，20kV 侧备自投成功。变电站所处地区天气为雨天。

二、故障诊断

故障后对 2 号主变压器进行外观检查，本体及有载开关气体继电器内均无气体，所有气体继电器防雨罩均安装良好，有载开关气体继电器均在未动作位置。主变压器本体色谱试验及有载开关油耐压试验未见异常。

打开 B 相有载开关气体继电器接线盒，发现接线盒内积水严重，并且有明显锈蚀情况，接线盒封盖及二次引线穿管接口处均密封良好。打开 A 相、C 相有载开关气体继电器、本体气体继电器接线盒内正常无异常，见图 2-23。

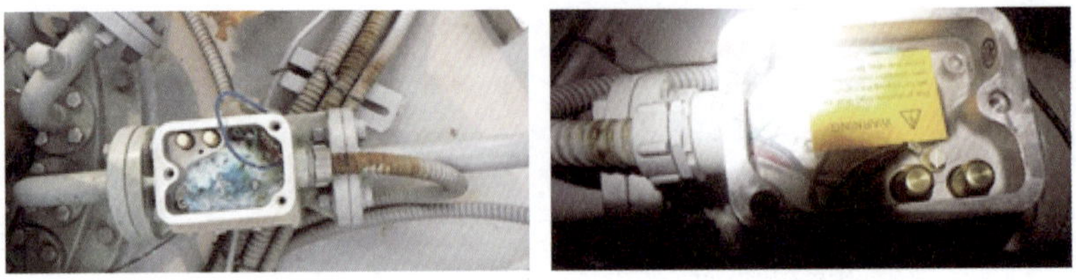

(a) (b)

图 2-23　重瓦斯动作跳闸有载开关继电器接线盒内部情况

（a）B 相继电器接线盒；（b）A 相继电器接线盒

随即对 2 号主变压器有载开关气体继电器重瓦斯回路进行绝缘测试，发现 B 相重瓦斯跳闸回路电缆芯线对地绝缘为零，芯线间绝缘为零。即气体继电器内重瓦斯跳闸回路两接线柱间因浸水已导通。现场调取保护动作信息，仅显示该主变压器有载开关 B 相重瓦斯动作，其余无保护动作记录。故障录波也未采集到故障电流。

检查发现，该主变压器 B 相有载开关气体继电器相对于 A、C 两相位置偏低，且低于主变压器顶部二次走线槽。气体继电器至本体端子箱间的二次电缆采用金属蛇皮管保护，金属蛇皮管在长期运行后锈蚀较为严重。由于 B 相气体继电器位置偏低，当雨天时，雨水通过较高点的锈蚀蛇皮管逐渐侵入气体继电器接线盒，造成继电器内积水越来越多，且该继电器底部未设计排水孔（国产继电器有排水孔），最终导致重瓦斯跳闸接点间导通，主变压器有载开关 B 相重瓦斯动作。综上所述，本次故障原因为变压器制造厂在设计过程中，对气体继电器安装位置及安装方式考虑不充分，导致气体继电器触点受潮，引发主变压器重瓦斯保护误动。

三、预防措施

对采用同类型的塑封不锈钢金属软管作为二次引线护套的变压器，若气体继电器、油流继电器、温度计等端子盒低于走线槽，应尽快安排停电，检查非电量保护端子盒、升高座 TA 接线盒等是否存在进水受潮情况，同时进行相应的密封封堵处理，并在所有塑封不锈钢金属软管最底部开孔，防止雨水积聚。

对新投变压器应使用非塑封的不锈钢金属软管作为二次引线护套，便于雨水的泻流、干燥；若变压器相关端子盒低于二次引线护套时，应做好端子盒的封堵密封措施，并在检修时检查封堵是否完好。

案例四　分接选择器导线击穿引起的 110kV 主变压器跳闸

一、故障情况

某 110kV 变电站 1 号主变压器正常运行过程中发生故障跳闸。保护动作信号如下：压力释放动作、有载调压重瓦斯动作、差动保护比率差动保护动作、本体重瓦斯动作、本体轻瓦斯动作、油位异常动作。

外观检查情况见图 2-24。

(a)

(b)

(c)

(d)

(e)

(f)

(g)

图 2.24　跳闸主变压器外观检查情况

(a) 主变压器本体压力释放阀喷油；(b) 主变压器有载分接开关压力释放阀喷油；(c) 切换开关静触头烧损；(d) 转换开关连接线烧断；(e) 切换开关 A、B 相主触头烧损；(f) 选择器 B 相导电环烧损；(g) 选择器 B 相单数引线烧损

故障当天下午对主变压器进行了电气试验，铁芯、夹件绝缘合格；绕组绝缘电阻和吸收比合格；因分接开关故障，仅对当前档位进行了直阻测量，试验数据合格；绕组连同套管的介损与出厂值比变化不大；低电压空载及短路试验数据合格。次日进行交流耐压试验合格，频响法测量绕组波形并与投运前测量结果比较，波形重复性较好。

二、故障诊断

至故障发生当日，该主变压器运行 11 天。故障发生时主变压器正在进行档位切换。根据对切换开关及分接选择器的检查，分接选择器 B 相单数引线与 A 相双数引线导电夹之间有明显的击穿现象，分析认为本台分接选择器故障导线间有绝缘薄弱环节，引起该绝缘薄弱的可能原因在于分接选择器引线在安装过程或者是在与切换开关联结过程中对绝缘层有损伤。

该损伤部位在变压器的操作过电压或者开关切换过程瞬间发生了导线击穿，由于导线击穿产生了飞弧，使得 B 相 6 档静触头、C 相 5 档静触头和与之相对应的导电环之间产生短路现象，同时导致切换开关级间、相间短路，在短路电流作用下主载流动静触头出现烧损现象，并且引起连接到 K2 的导线以及 K2 与 K1 连接线烧断等故障。

三、预防措施

本台有载分接开关故障原因主要是选择器引线绝缘存在损伤，制造厂家须落实以下改进措施：

（1）完善选择器引线装配工艺，并对该引线加强检查以确保引线没有擦伤。

（2）加强开关包装过程的监控，保证在运输过程中分接选择器引线没有外力施加。

（3）对引线采取进一步的紧固措施，以保证开关在变压器厂装配时不会对引线施加不正确的外力。

案例五　真空有载分接开关灭弧能力不足引起主变压器故障

一、故障情况

某变电站 1 号主变压器空载运行时，本体压力释放阀动作、有载开关油位异常发信、有载开关轻瓦斯发信后人工切除变压器电源。

变压器故障后立即安排对变压器本体及有载开关进行油样分析，发现有载开关油室的色谱数据严重超标，本体油中有少量气体产生，试验数据见表 2-6。

表 2-6　有载开关油室的色谱数据

设备名称	取样日期	氢气	甲烷	乙烷	乙烯	乙炔	总烃	一氧化碳	二氧化碳
1 号主变压器本体	2013-01-24	30	14.4	1.6	18.0	19.8	53.8	47.0	360
1 号主变压器有载	2013-01-24	770	490.6	116.7	1295.3	1253.4	3155.9	83.0	1028

现场查看发现，变压器低压侧有较多油迹，有载开关的防爆盖已脱落在低压侧有载开关附件的地面上，有载开关油面在顶盖下方 20mm 处。开关侧的本体压力释放阀的红色动作信号杆竖起，但本体油位正常，本体也未见大量喷油的迹象。油枕侧的本体压力释放阀和有载开关重瓦斯未动作。

为判断变压器本体状况，现场进行了诊断性试验，进行了变压器绕组直流电阻、变比、绝缘电阻、介损以及绕组变形测试，结果未发现异常。之后对有载开关进行吊芯检查，故障照片见图 2-25。

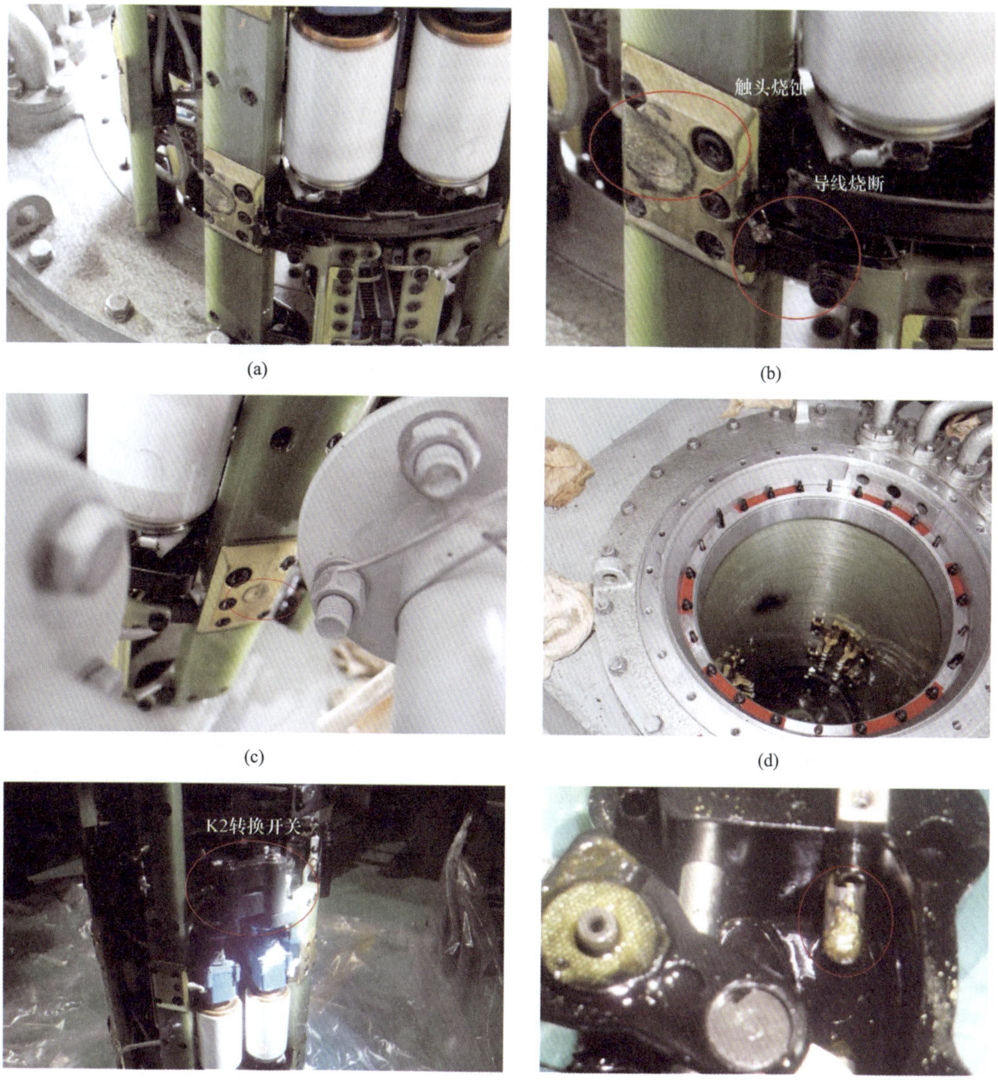

(a) (b) (c) (d) (e) (f)

图 2-25　故障有载开关吊芯照片

(a) 切换开关烧损情况；(b) 切换开关 A 相单数侧静触头烧损、单数静触头相连的导线烧断；(c) 双数侧静触头烧损痕迹；(d) 油室烧损情况；(e) K2 转换开关外壁熏黑；(f) K2 转换开关两侧触头严重烧损-4

二、故障诊断

该真空有载开关切换动作波形图和接线原理图如图 2-26、图 2-27 所示。

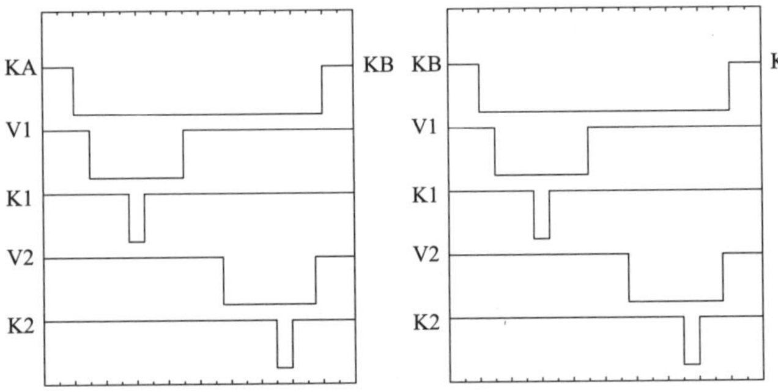

图 2-26　动作波形图

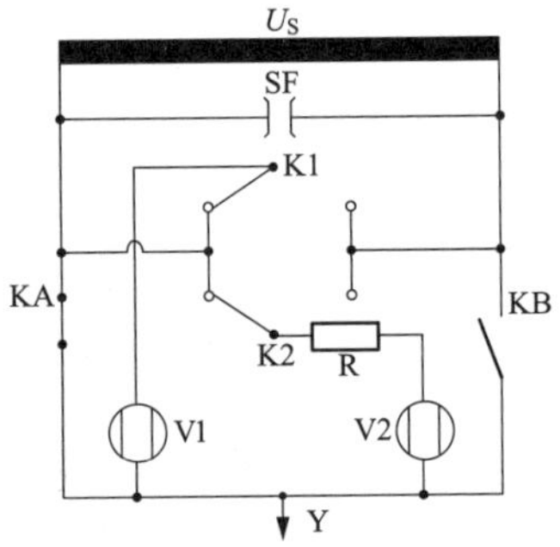

图 2-27　接线原理图

切换开关由单数向双数档切换时，正常动作顺序如下：

（1）KA 断开，电流通过 V1 支路；

（2）V1 断开，电流通过 V2 支路；

（3）K1 打到双数侧；

（4）V1 合上，电流通过 V1 与 V2 支路，这时存在环流通过过渡电阻；

（5）V2 断开，电流通过 V1 支路；

（6）K2 打到双数侧；

（7）V2 合上，电流仍通过 V1 支路；

（8）KB 合上，电流通过 KB 主回路，切换完成。

通过对故障现象的分析，判断故障发生在切换操作的第 5 个步骤，即 V2 真空开关未能完全灭弧，导致第 6 步 K2 转换开关带电拉弧，由于 K2 开关未设计灭弧功能，极间空间很小，因此电弧贯穿 K2 两极间，导致调压线圈极间直接短路，巨大的短路电流导致两侧静触头烧损，短路回路中的最薄弱点（连接单数侧静触头的导线）烧断。

具体故障过程说明如下：

第 5 步时，正常动作应当是 V2 断开，之后 K2 打向双数侧，如图 2-28；但是由于 V2 未能完全熄弧，第 5 步完成时切换开关状态如图 2-29 所示。

由于 V2 支路通过电流，因此第 6 步 K2 转换开关动作时，必然拉起电弧，如图 2-30；电弧继续延伸，导致 K2 极间短路，短路后电流不再经过 V1 和 V2 支路，直接将调压线圈极间短路，如图 2-31 所示。

此时，短路电流瞬间导致单数侧静触头（图 2-32A 点）、双数侧静触头（图 2-32B 点）烧损，以及与单数侧静触头连接的导线烧断（图 2-33 标记处）。由于短路回路有一部分在选择开关上，因此切换开关油室上有过热及喷弧痕迹，导致变压器本体油中产生乙炔。

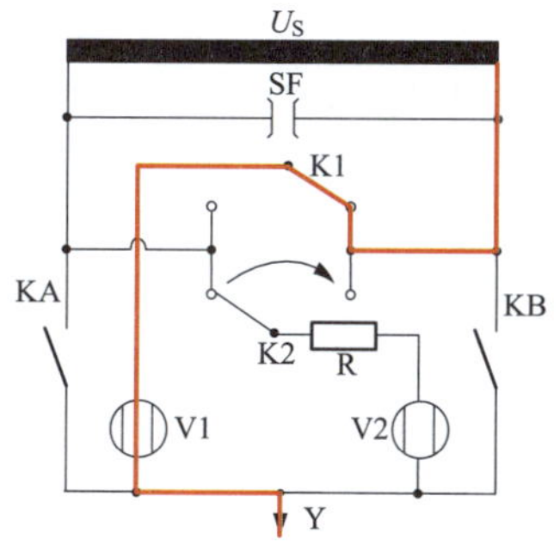

图 2-28 正常切换时第五步状态

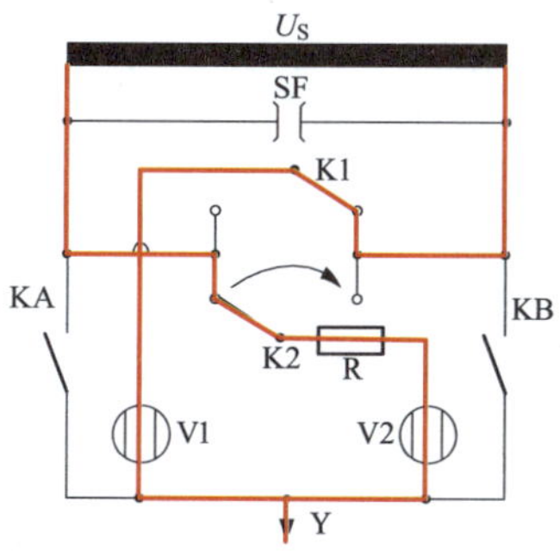

图 2-29 故障时第五步状态

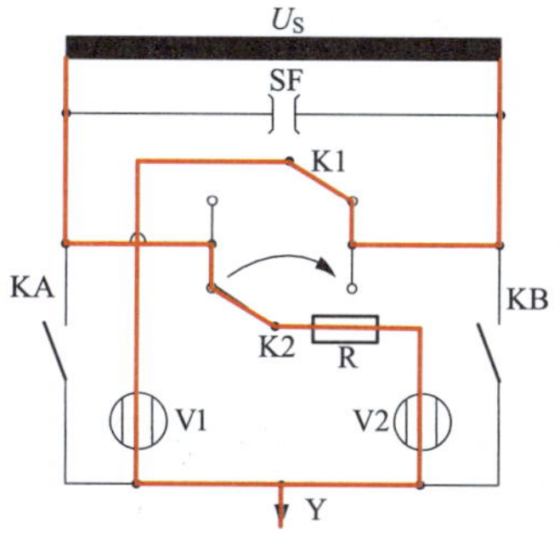

图 2-30 故障时第六步状态

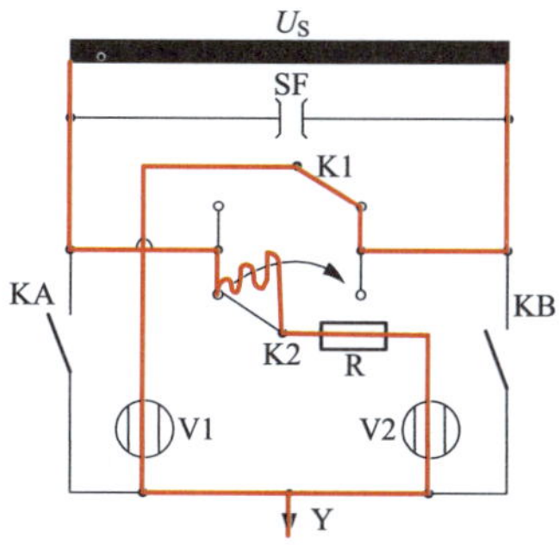

图 2-31 故障短路状态

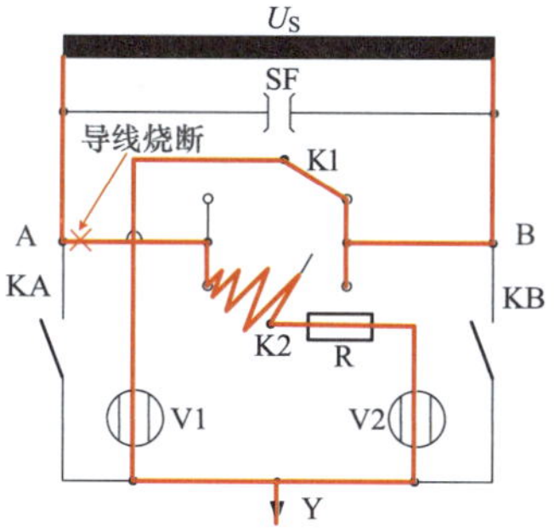

图 2-32 故障点

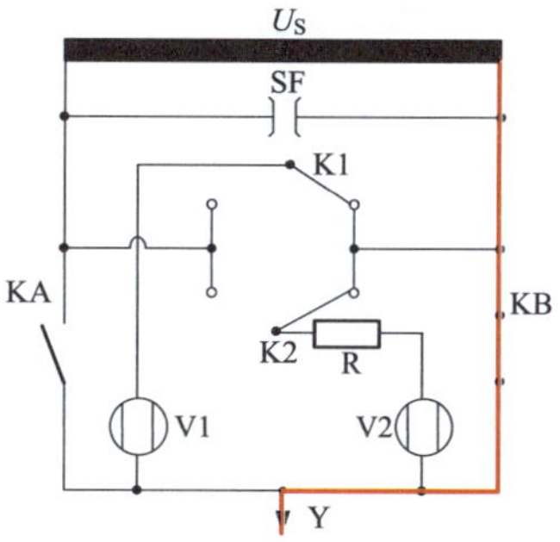

图 2-33 故障后运行状态

经分析，造成 V2 真空开关不能完全熄弧的原因可能是与单数侧静触头连接的导线桩头压接工艺不好，造成导线接触不良。故障时，可能形成导线时通时断状态，在 K2 单数极上产生恢复电压，触头间电压过高，导致 V2 不能完全熄弧；另外，调压时变压器处于空载运行状态，对于小电流，真空开关容易形成重燃，不易熄弧。

三、预防措施

为防止此类故障的再次发生，制造厂家对同类型有载开关进行全面测试，并吊芯检查，以验证安装工艺、切换程序、时间配合是否合理。

案例六　操作过电压引起有载分接开关保护间隙击穿导致变压器跳闸

一、故障情况

某 220kV 变电站 2 号主变压器有载开关 B 相重瓦斯动作，三侧开关跳闸。跳闸前后无调压操作记录。

二、故障诊断

经检修人员检查主变压器有载开关气体（油流）继电器，发现 B 相油流继电器确实已在动作位置，同时发现 B 相有载开关筒体盖板防爆膜内有气泡，见图 2-34。

变压器置检修后，进行诊断性试验，对变压器运行档绕组直流电阻进行了试验，试验结果正常，排除了分接开关不到位的可能。对油流继电器保护电缆进行绝缘测试，测试结果良好，排除了油流继电器误动的可能。对 B 相有载开关进行吊芯检查，芯体起吊后即发现 B 相开关弧形板上的放电（保护）间隙有放电痕迹，见图 2-35。

图 2-34　B 相有载开关筒体盖板防爆膜内气泡

图 2-35　开关弧形板上的放电（保护）间隙放电痕迹

为防止其余两相出现同样故障，随即对 A、C 相进行吊芯检查，检查结果正常。

从现场检查情况来看，主变压器有载开关 B 相确实发生了因弧形板放电保护间隙片动作放电产生大量气泡引发开关筒体内部油流涌动，造成油流继电器重瓦斯动作。有载开关弧形板放电保护间隙片的主要作用是当系统存在过电压时通过间隙放电保护开关单双档间的过渡电阻器，按制造厂设计，其油中间隙为 5mm，在油中的工频耐压值为 20kV，冲击耐受值为 90kV。

2 号主变压器重瓦斯动作前 1505 化纤线正在线路旁代操作，根据操作人员汇报，当时在就地合上 15055 线路旁母刀闸（旁母充电）时，主变压器即发生了跳闸事故。经调取保护告警信息，没有找到 15055 线路旁母刀闸的合闸变位信息。

经与制造厂就新泾 2 号主变压器重瓦斯跳闸进一步分析讨论，应为隔离开关操作产生过电压引起，上述故障近三十年在全球仅发生 6 起。根据原因分析来看，操作过电压的产生本身就有一定的偶然性（如操作不到位），同时有载开关放电间隙作为过电压保护器并非不允许动作，只是此次间隙片严重放电间接导致了主变压器跳闸，其放电程度与操作过电压的幅值、频率及持续时间以及绝缘油性能有密切关系。主变压器跳闸原因可能是旁路刀闸操作母线时由于刀闸操作不到位或操作过程中产生振荡过电压，该过电压经过母线传递至主变压器 110kV 侧，直接引发了位于主变压器 110kV 进线侧首端的有载分接开关放电保护间隙片动作，间隙放电过程中产生大量气泡及油流涌动，最终造成有载开关油流继电器重瓦斯动作，主变压器跳闸。另外，经吊芯检查发现三相开关筒体内的绝缘油中的游离碳较多，影响了绝缘油的绝缘性能，这也是造成间隙片动作的次要原因。

三、预防措施

加强变压器有载开关的检修管理，按规程及时进行绝缘油的性能测试，同时对于运行环境恶劣，调压次数较多的变压器有载开关缩短检修周期。

案例七　电动机构电机无法停止导致持续不断调档

一、故障情况

某 35kV 变电站 1 号主变压器有载分接开关电动调档测试时，发现有载分接开关完成一次电动调档操作后，电动机构内的电动机无法停止，导致分接开关持续不断进行电动调档。

二、故障诊断

电动机的启动和制动由接触器 K3 接点控制，电气原理图见图 2-36，在一次分接变换完成后，如果 K3 仍然励磁. 电动机就无法制动。

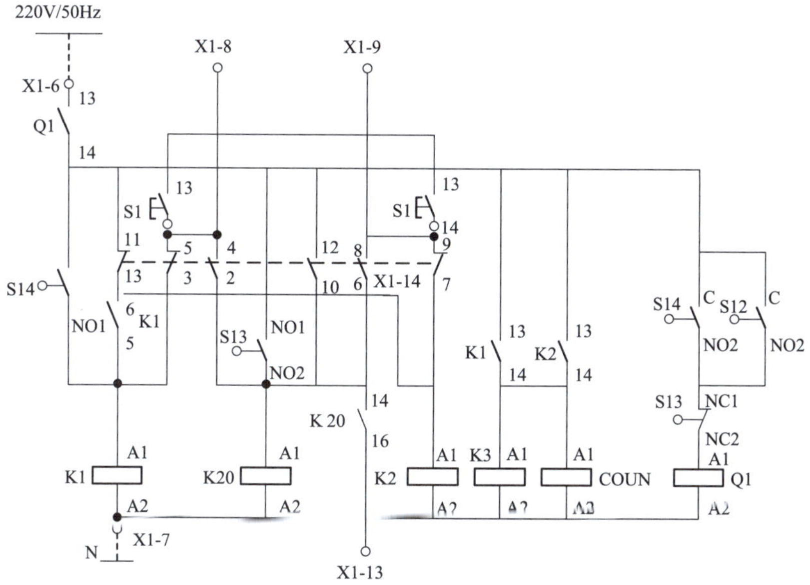

图 2-36　CMA9 型电动机构电气原理图

为了查清故障原因，进行了以下试验：按下按钮 S1，电动机 Ml 启动，朝 1→N 方向运转，接触器 K1 吸合，K1(13，14）闭合。接触器 K3 吸合。用万用表一直监测接触器 K3 的 A1 接点的电压，A1 接点的电压为交流电压 220V。当一级分接开关变换操作结束时。电动机无法停止。用万用表测量 K3 的 A1 接点的电压，K1 的 13 与 14 接点的电压相同，为交流电压 220V。说明 K1 一直励磁，从而 K1(13，14）一直闭合。造成 K3 接触器一直励磁，导致电动机的主回路一直接通，电动机无法停止。正常运行时，当 K20 接触器动作后，K1 接触器仅由凸轮行程开关 S14(C，N01）触点闭合来保持，当一级分接开关变换操作结束时，S14(C，N01）断开，K1 失电释放，断开电动机主回路，而发生故障时，K1 一直励磁. 用万用表测量 K20(11，13)，K1(6，5）接点两端的电压，电压均相同，为交流电压 220V，而经测量 K20（5，3)，K20（9，7）接点闭合，K20(4，2)，K20(12，10)，K20(8，6）接点打开，可见 K20 接触器并未励磁。仔细检查 K20 接触器后。发现接触器上带电吸合的触点并未吸合，人为将这一触点按到吸合的位置，再进行试验时，故障消失，电动机构完成一次分级变换操作后能够自动停止。将 K20 接触器拆开后发现，内部线网已经烧断。证明故障确实是由于 K20 接触器损坏造成的。

三、预防措施

有载分接开关发生故障大多为运行年限较长的电动机构。因此除做好定期大修工作外。还应结合变电所状态检修，有针对性地进行检查和维护工作。排除电动机构事故隐患。

案例八　电动操动机构电机转动缓慢导致调档不到位

一、故障情况

某变电所运行人员上报 1 号主变压器有载分接开关无法调档故障。现场检查中发现 1 号主变压器有载分接开关调档不到位，档位停留在 7 档和 8 档之间，检修人员手摇有载分接开关至 8 档，在手动操作过程中，未发现机构有卡涩现象。检修人员通过电动操作把有载分接开关从 8 档调至 7 档，调档过程中电机转动缓慢，转动几圈后，电机停止，有载分接开关未调节到位，继续按电动降档按钮，电机又转动几圈后停止。

二、故障诊断

在手摇过程中，未发现传动机构有卡涩现象，传动机构良好，有载分接开关传动正常；电动操作过程中，电机能转动，而控制回路中也无继电器、接触器等电器元件，排除电机控制回路接触不良引起的断线故障；电机启动比较缓慢，与正常有载分接开关调档时电机起动比较明显变慢，应为电机的电磁扭矩不够。初步判断故障是由于电机的启动电容容量降低引起的。对 SHM—I 电动机构进行解体，发现电机有两个起动电容器，两个电容器处于并联状态，其中一个电容器击穿，更换电容器后主变压器有载分接开关档位调节恢复正常，电机转动速度也恢复正常，故障排除。

三、预防措施

对同型号、运行年限较长的有载分接开关单相电机起动电容器进行排查。更换相关启动电容器。

案例九　有载分接开关切换开关部件断裂导致主变压器跳闸

一、故障情况

某 35kV 变电站 1 号主变压器有载重瓦斯动作，跳开两侧开关。故障时变压器正在进行调档，无其他保护报警信号。

二、故障诊断

故障后对 1 号主变压器气体继电器进行检查测试，结果正常。变压器本体和有载开关外观无异常。本体油样进行色谱正常。变压器绝缘试验项目均正常，绕组直流电阻试验结果异常，试验数据见表 2-7。

表 2-7　　1 号主变压器故障后直流电阻试验数据

档位	A—0(Ω)	B—0(Ω)	C—0(Ω)	不平衡率
5	1.1380	2.1460	1.1440	68.29%

从后台保护动作信息可以显示出有载重瓦斯保护动作，主变压器两侧跳闸。主变压器有载重瓦信息持续 3s 左右，说明变压器内部油流动作基本接近 3s，可初步判断为有载调压机构内部问题，导致调档不到位，引起主变压器有载调压重瓦斯动作，造成主变压器跳闸。

有载开关吊芯检查发现开关储能机构拐臂齿轮上的固定销断裂，导致传动机构无法正确调档，见图 2-37。

本次故障的直接原因为有载开关储能机构拐臂固定销断裂。故障开关已运行 15 年。固定销断裂的原因主要可能是：①固定销淬火过硬造成固定销开裂；②装配过程中造成固定销表面开裂，随着开关切换次数增加，造成固定销断裂。

由于固定销断裂，有载开关传动轴与调压机构失去连接，直接导致有载开关在调档过程中切换不到位，根据故障信息分析，有载开关在 4 档和 5 档之间发生跨接，导致有载开关内的过渡电阻短时间内承受过大的电流，开关油室内部快速发热膨胀，引起主变压器有载开关重瓦斯动作。

图 2-37　开关储能机构拐臂齿轮上的固定销位置及断裂情况

三、预防措施

制造厂针对在运的 1999 年 10 月前生产的 V 型开关，结合有载吊芯检查工作进行固定销更换。

案例十　真空有载分接开关切换开关桶渗漏

一、故障情况

某变电站 2 号主变压器发出有载分接开关油位异常报警信号。运行人员对主变有载分接开关的储油柜油位进行检查。发现油位指示已指向“10”（油位指示最高端）。检修人员检查油位计无异常后将分接开关绝缘油放至了油位计指示为“5”的位置。三天后，运行人员汇报油位指示已指向“7”。

二、故障诊断

由于有载分接开关油位指示短时间内持续上升。初步判断为有载分接开关油位过高不是原始油位过高造成的。有载分接开关是通过切换开关油室的密封，将有载分接开关的绝缘油与变压器本体的绝缘油隔离开来，使有载分接开关有一个单独的油系统。正常情况下有载分接开关绝缘油与主变压器本体绝缘油是不通的。主变压器本体的油位比有载分接开关的油位高。两者之间有一定的压差，在有载分接开关的油室渗漏时就会使主变压器本体的绝缘油渗入分接开关的油室。所以此次主变压器有载分接开关的油位指示不断上升。初步判断为切换开关油室的绝缘油与变压器本体的绝缘油相通，变压器本体的绝缘油进入切换开油室。由于该有载开关为真空有载分接开关，分接开关的油室内无乙炔等燃弧产生得特征气体，无法通过本体油色谱试验判断分接开关油室渗漏，需进行吊出有载芯子检查。

打开切换油室的顶盖吊出有载芯子，将残油擦净。发现筒底铝铸件与绝缘筒的结合处有油迹渗出，如图 2-38 所示。

三、预防措施

主变压器安装时，缺少对有载分接开关油室与主变压器本体的密封检查的程序。为防止此类现象的发生，应当对有载分接开关的油室做油密封试验。

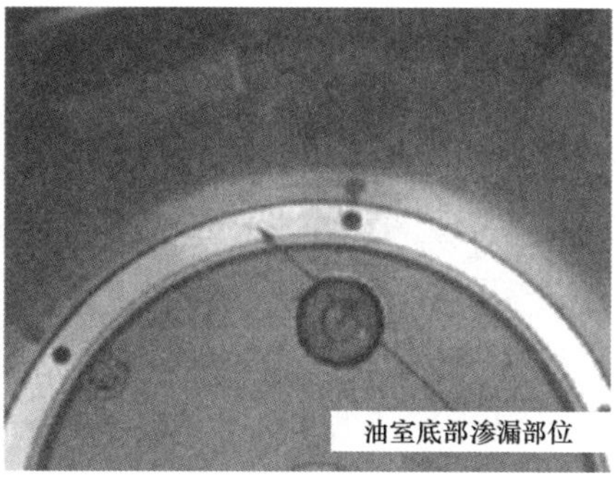

图 2-38　渗漏部位

第四节　有载分接开关故障诊断攻略

一、有载分接开关故障诊断经验

电力变压器有载分接开关是一个动态与静态并存的特殊的调压设备，其最主要的特征是操作频繁。而随着电力变压器运行年限的增长，作为其核心调压附件的有载分接开关累计调压次数增多，其不良操作和故障产生的概率都会相应上升，使得变压器运行的风险增大，严重故障时，甚至会引发其退出运行或烧毁事故，可能造成巨大的经济损失和严重的社会影响。据不完全统计，有载分接开关故障在有载调压变压器故障中所占比例高达 41%，因此，对有载分接开关所存在的隐患进行监测以避免事故的发生显得至关重要。

当有载分接开关发生缺陷时，缺陷出现的位置或者类型不同，所表现在分接开关运行状态和运行参数上的变化也不同。状态监测参数的涉及范围极广，包括电气参数、机械参数以及化学参数等，根据所监测状态参数的变化来判断故障发生的部位以及严重程度。由于因此准确得提炼故障特征参数，是提高故障诊断的正确率以及效率的关键。而由某一故障引起的分接开关状态的变化称为故障的征兆，故障诊断的过程就是从已知征兆判定分接开关上存在的故障的类型及其所在部位的过程。

长期以来，电力部门推行定期试验、检查或监测（带电测量、离线测试和在线监测）和定期检修等预防性措施，离线的定期检修依然是有载分接开关的主要检修方式。虽然目前较为成熟的有载分接开关状态监测及故障诊断系统在实际中的应用还较为少见，但随着传感器技术的进步，产品质量的提高，使得较准确地对有载调压分接开关运行状态进行判断成为可能。

有载分接开关故障主要有机械故障、电气故障和绝缘故障三类，其中又以机械故障所占比例最高。对某市电网 1990 年 1 月至 2005 年 12 月有载分接开关的运行统计分析表明：切换开关或选切开关的事故率高达 37.3%，传动机构事故率为 25.42%，快速机构的事故率为 13.56%。有载分接开关性能故障主要表现在紧固件的松脱、运动的卡滞、超越终端位置、零部件的变形或过度磨损和触头变换程序缺陷等方面，一旦有载分接开关出现机械故障，可能引发二次突发的电气故障。因此，对运行中的有载分接开关进行机械性能监测，预测其故障并判断其故障类型，对电力系统的安全稳定运行有重要意义，对于机械状态监测的新技术主要有振动信号分析法和电动机旋转角度信号法。

二、有载分接开关故障诊断新技术

1. 基于振动信号的有载开关故障诊断

有载分接开关的机械故障是其主要故障类型，包括选择开关触头接触不良、切换开关拒切、中止或动作滞后、电动机构滑档等，这些故障可以通过对有载分接开关振动信号的分析进行有效的检测和判断，机械振动信号中包含着大量的设备状态信息，利用振动信号来检测和诊断有载调压分接开关机械系统的状态，是行之有效的。电力变压器有载分接开关机座、外壳上的振动是内部多种现象激励的响应，当开关进行调压操作时，机构零部件之间的碰撞或摩擦会引起机械振动。利用振动信号分析的变压器分接开关诊断思路是利用振动加速度传感器，由于测试系统和电力系统间不存在电气连接，因此不影响变压器及其附件的正常运行工作就可获取传动机构的运行状态，从而实现对分接开关内部机械结构隐患的提前预测，是目前较为有效的监测与诊断方法。

不过，变压器在运行时，铁心硅钢片的磁致伸缩引起铁心振动，绕组在负载电流电场力作用下产生绕组振动，以及冷却器相关附件的振动，这些振动都将传递到油箱表面，形成变压器的主要振动。在变压器油箱表面采集到的振动信号除了有载分接开关振动以外，还包括铁心、绕组以及冷却器的振动。因此要对有载分接开关振动信号进行分析和处理，首先需要对油箱表面振动信号进行信号的分离。

目前常用的信号的分离方法有：

（1）运用 Hilbert 变换对有载开关切换过程的振动信号进行包络提取，并运用小波交换模极大值法滤除包络中的高频成分，最后计算出包络信号的奇异性指数作为有载分接开关故障的判断指标。当动静触头出现接触不良或者烧毁的情况时，振动信号的峰值陡峭程度会发生变化，该变化会反应在奇异性指数上。

（2）基于多维坐标空间提取相轨图几何特征的方法，该方法首先对振动信号在三维空间内进行相空间重构，并在相空间中选择一球形区域作为指定区域，求出相空间中所有相点与指定区域内点的平均几何距离，以及吸引子的半径（即球形区域的半径），最后定义平均几何距离与吸引子半径的比值作为相点空间分布系数（PPDC），来描述相轨图几何特征。当有载分接开关工作正常时，PPDC 数值保持一定的稳定性，而当有载分接开关工作发生异常时，其振动模式将会发生变化，PPDC 数值将会有较大的变动。

2. 基于机构电机旋转角度及电流的有载开关故障诊断

有载开关切换过程中若储能弹簧性能发生改变或储能过程中存在机构卡涩等现象，必然伴随着电机驱动力矩的变化，从而使驱动电机的转速发生变化，驱动电机电流也同时随之改变。监测有载开关机构电机的旋转角度和电流两路信号可实时跟踪驱动电机旋转性能的变化，以有效判断操动机构的机械运行状态。

（1）旋转角度传感器工作原理。

传感器的核心部件为一磁敏电阻元件，它基于磁阻效应而工作。当在通电的半导体表面垂直方向上施加外部磁场时，不单会出现霍尔电势，同时半导体两端的电阻亦将发生变化，此称为磁阻效应。通常，半导体电阻将随磁场的增强而加大。这是因为，在外加磁场作用下，洛伦兹力使半导体中做直线运动的载流子偏离原来的方向，因此延长了载流子通过的路程和时间，增加了它们与晶格、杂质原子和晶格缺陷碰撞的机会，从而降低了电子迁移率，宏观地表现为元件电阻的增加。利用这一原理，当角度传感器的转动轴带动一固定永磁元件随之旋转时，施加于磁敏元件上的变化磁场将使其电阻值发生改变，输出电压表现为随旋转角度周期性变化的正弦信号。

当有载开关的操动机构某处发生机械故障时，必然伴有驱动电机转速（角频率）的变化。当角频率发生变化时，旋转角度传感器输出电压的微分信号将在幅值上发生变化。因此，可通过监测角度传感器输出电压的微分信号实现对驱动电机转速特性的实时跟踪，并获得较高的灵敏度。具体用于故障诊断时，可设置阈值进行监测，一旦阈值越限，则表明操动机构存在某种机械故障。

（2）驱动电机电流的监测工作原理。

将机构电机电源线穿过穿心式电流传感器量，驱动电机电流的幅值变化若超过一定的范围，则表明开关切换过程出现了异常情况。对电机驱动电流信号的监测与特征提取，可用取信号包络线并设置相应阈值的方法。取得电机驱动电流信号包络线后，可在正常工作电流值的基础上，分别设置高低两条边界阈值，并保留10%的裕度，一旦包络线越界，表明驱动电机电流的幅值变化超过允许范围，开关切换过程出现异常情况。此外，电机驱动电流信号的出现与消失可作为驱动电机运行与停止的标志，因此，可选择电流信号的持续时间作为OLTC动作的持续时间，此时间信息也将是机械状态诊断的重要特征量，开关动作若出现持续时间过短或过长的现象，则表明切换过程中可能出现某种异常。

3. 基于改进的RBF网络的变压器分接开关故障诊断

有由于故障的部位和类型不同，所以分接开关的状态和运行参数变化差异较大，呈现出极大的非线性和耦合性，这给故障的诊断带来了一定的难度。由于人工神经网络（ANN）具有良好的非线性特性、自学习及信息的并行处理能力，故采用改进的RBF神经网络对分接开关进行故障诊断和识别。

RBF神经网络的结构与多层前向网络类似，是一种三层前向网络。RBF网络的第一层为输入层，由信号源节点组成。第二层为隐含层，隐节点数视所描述问题的需要而定。第三层为输出层，对输入模式的作用做出响应。从输入空间到隐含层空间的变换是非线性的，而从隐含层空间到输出层空间的变换是线性的。隐含层的变换函数RBF，是一种局部分布的对中心点径向对称衰减的非负非线性函数。

隐节点的个数及其数据中心的确定是RBF网络应用的核心，基于剪枝理论，采用两步学习法对网络结构进行优化，即粗调和精调两步。根据“新性准则”分配隐节点，进行粗调，在粗调的基础上对网络参数进行精调。

4. 直流过渡波形判断有载分接开关故障

在开关动作特性试验中，通常在变压器绕组上施加一直流电压，通过记录切换过程中的直流波形来判断有载分接开关的机械性能和潜伏性缺陷。有载分接开关切换过程的标准波形，如图 2-39 所示，当发生触头接触不良、连接点松动等故障，故障回路切换时直流电阻增大，在切换开关过渡波形上表现为故障过程电流波形部分或全部异常变小，如图 2-40（a）所示。

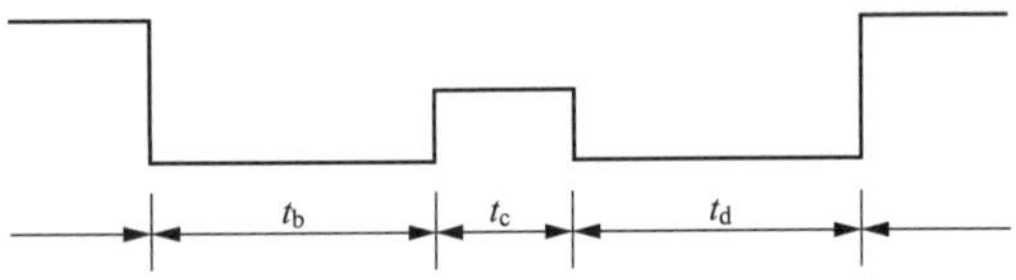

图 2-39　有载分接开关切换过程标准波形

触头弹跳、连接点断开、过渡电阻烧毁等故障或缺陷，故障回路切换时将存在短时断路，在切换开关过渡波形上表现为故障过程电流波形部分或全部突然变为零，如图 2-40（b）所示。触头粘连故障，故障回路切换时持续时间变长，在切换开关过渡波形上表现为故障过程电流波形持续时间增加，如图 2-40（c）和图 2-40（d）所示。

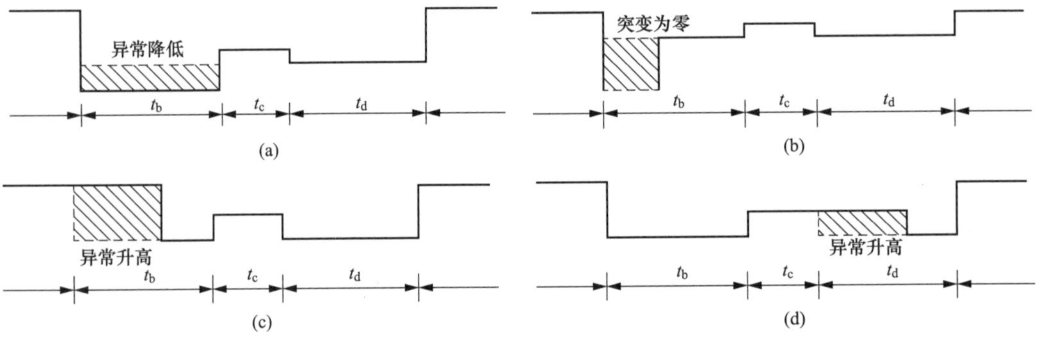

图 2-40　有载分接开关常见故障过渡波形

（a）过渡触头 K2 回路接触不良或连接松动；（b）过渡触头 K2 回路连接断开或过渡电阻烧毁；（c）主触头 K1 粘连；（d）过渡触头 K2 粘连

有载分接开关过渡波形能够发现切换开关多数潜伏性故障或缺陷。通过将实测过渡波形与切换开关典型故障波形进行对比，能够迅速定位故障的类别和原因，帮助修试人员快速准确查找故障点，及时进行修复，提高检修效率。

第三章

套　管

第一节　套　管　概　述

套管是将电力变压器内部的高、低压引线引到变压器油箱外部的导引出线装置，承担着作为高、低压引线对地绝缘以及固定引线的双重作用，因此，符合规定的电气强度和足够的机械强度是必要的。作为电力变压器的主要载流器件之一，套管在电力变压器投入运行后长期通过负载电流，同时又要承受短路时的瞬时过热，因此，又必须具备良好的热稳定性。

一、套管型号标识含义

与套管相连线圈的电压等级决定了套管的绝缘结构，套管的使用电流则决定了导电部分的截面和接线头的结构。变压器套管按其结构不同，分成若干形式。套管的型号标志采用一连串字母、符号和数字组成，其字母排列顺序及含义见表 3-1。

表 3-1　　变压器套管型号中字母的含义

顺序	字母符号和代表的含义
1	B——变压器用
2	F——复合瓷绝缘；D——单体瓷绝缘；J——有附加绝缘；R——电容式
3	Y——充油式；L——穿缆式；D——短尾，长尾不表示
4	L——可装电流互感器的（后面小写数字代表可装电流互感器的数量）
5	W——耐污型，普通型不表示，W 后数字表示爬电比距
6/7	数字/数字——额定电流（A）

二、套管的原理结构

1. 纯瓷套管

纯瓷套管可分为复合式、单体式、带附加绝缘的瓷套管和充油式套管等。

（1）复合式（BF 型）的额定电压在 1kV 以下，额定电流为 300～4000A。套管由上瓷套、下瓷套组成绝缘部分，导电杆由瓷套中心穿过，利用导电杆下端焊接的定位件和上端的螺母将上下瓷套串在变压器安装孔周围的箱盖上。

(2) 单体式瓷绝缘式套管只有一个瓷套，瓷套中部有固定台，以便卡装在变压器的箱盖上，瓷件用压板或压脚及焊在箱盖上的螺杆将瓷套固定在变压器的箱盖上。穿缆式套管上部有一个固定槽，而穿杆式则在下部有固定槽，以便在连接引线时导杆不致转动。

(3) 带附加绝缘的瓷套管也有导杆式（BJ 型）和穿缆式（BJL 型），其结构就是在单体瓷绝缘或套管上增加了绝缘而形成的。由于单体瓷绝缘套管径向电场不均匀，瓷套的介电系数大，而空气或变压器油的介电系数小，电位降主要分布在空气或变压器油上。为了改善电场分布，需要在导电杆外面套有绝缘管或在电缆上包以 3～4mm 厚的绝缘纸以加强绝缘。常用于 35kV 电压等级中。在套管最下部一个瓷伞至安装固定台之间的瓷套外表面涂以半导体漆（含锌或铝粉）改善接地处的电场。其安装方式与单体式套管安装方式相同。

(4) 充油式套管常用于 66kV 有小容量的变压器中，没有下部瓷套，其瓷绝缘体结构与也单体或相似。套管内的油从变压器油箱内进入瓷套内，套管下部伸入油箱内部相对较短，用油和绝缘纸筒组成绝缘屏障作为主绝缘，中间穿过铜管，在铜管的下端有均压球；焊有导电杆的引线电缆从铜管中间穿过。

2. 油纸电容式套管

油纸电容式套管应用于 60kV 级以上的变压器中。一般 60kV 级以上的油纸电容式套管的典型结构如图 3-1 所示。

在图 3-1 中，L 是套管的总高度，与套管的电压等级、全部结构以及套管的外绝缘有关；L_1 是上部外绝缘高度；L_2 是中间接地法兰高度，与套管上安装的套管电流互感器数量和型号有关；L_3 是下部绝缘高度。通常套管的上部和下部绝缘都用瓷绝缘。

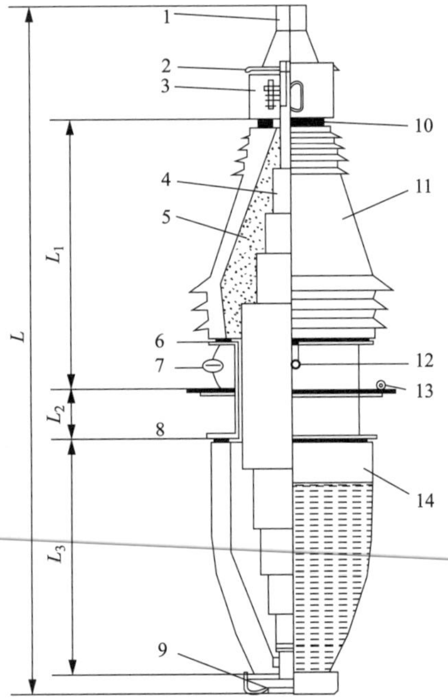

图 3-1 电容式套管

1—接线端子；2—均压罩；3—储油柜；4—电容芯子；5—变压器油；6—密封垫圈；7—接地端子；8—密封垫圈；9—均压球；10—密封垫圈；11—上瓷套；12—油样塞子；13—吊环；14—下瓷套

其各部分结构及作用如下：

(1) 套管上部接线头。它是将变压器绕组引线连接到外部电力线路用，其结构与额定电流的大小有关。

(2) 套管的储油柜。其作用和变压器的储油柜作用一样，为了补偿套管内部变压器油随温度变化而引起体积的变化。在储油柜上设有油标，用以指示套管内部变压器油位。内部有强力弹簧，用以将套管连成一个整体，不发生渗漏油。

(3) 上部瓷件。为了保证在污秽和淋雨条件下套管仍有足够的爬电距离，套管上部瓷件根据需要，常设计成具有大小伞的形状。

（4）导电结构。油浸式电容套管的导电结构可分为两种：穿缆结构和导杆结构。

1）穿缆结构的套管。变压器绕组引线是用电缆穿过套管的铜管，上端和接线头连接引出，接线头用销钉固定后，与接线端子固定在一起。一般用于电流为 1250A 以下。

2）导杆式连接套管。用于电流大于 1250A 时，常用导杆式连接，其导电连接是绕组引线在套管下部的均压罩内直接和下部接线头连接，不使用电缆通过铜管，电流直接用铜管传导，套管上部的接线头直接和铜管连接。

（5）中间接地法兰。图 3-1 中的接地法兰长度 L2 与套管所安装的装入式电流互感器的数量和规格有关，通常测量级互感器的高度比保护级的高度小，套管额定电压比较低的电流互感器的高度比额定电压高的电流互感器的高度小；而电流互感器的数量则根据需要设定。

（6）电容芯子。电容式套管的内绝缘是电容式结构，以高压电缆和导电铝箔组成油纸电容芯子，在套管中心，铜导电管处于额定电压电位，而其最外侧接近接地法兰处是地电位，电位必须由中心的高电位降低到最外侧的地电位。

（7）测量端子和电压抽头。在中间接地法兰布了测量端子或电压抽头。测量端子是从电容芯子最外层电容屏通过绝缘套管引出的，该层电容屏主要用来测量电容套管的介质损耗因数和电容量。在局部放电测量时，用该电容屏对中间法兰的电容和电容芯子主电容形成分压器，用来测量变压器的局部放电，该端子对地电容比较少，且受变压器布置的影响。

电压抽头和测量端子的不同是从套管的最外第二层屏通过绝缘套管引出的，其对地电容比较大，可以输出一定功率。无论是测量端子还是电压抽头，其对地电容相对套管的主电容来说是比较小的，因此，在套管运行带电时，该端子必须接地以保证套管安全运行的。因此，此端子相连接的电容屏常称为末屏或地屏。其典型结构如图 3-2 所示。

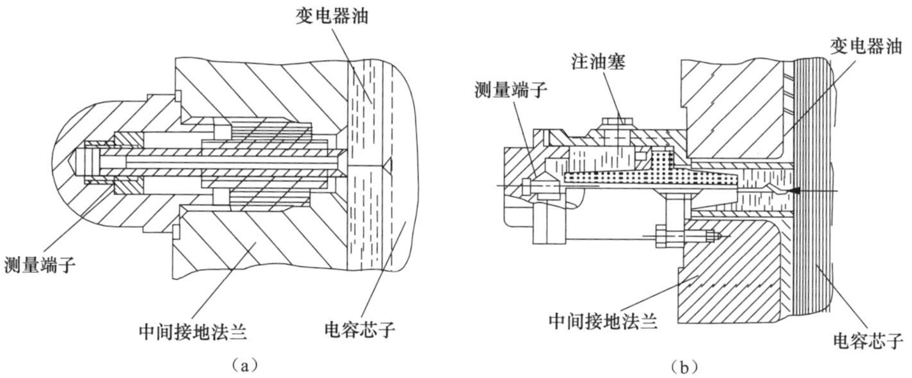

图 3-2　测量端子与电压抽头

（a）测量端子；（b）电压抽头

3. 其他类型的套管

除了油纸电容式套管（OIP）外，常见的套管型式还有胶粘纸套管（RBP）瓷（复合）外套套管；胶浸纸套管（RIP）瓷（复合）外套套管；胶浸纤维套管（RIF）（玻璃钢干式电容型复合外套套管）。

胶浸纸式瓷（复合）外套套管以国外产品为主，是以绝缘纸为绝缘层，铝箔为电容屏真空浇注树脂形成电容芯体，外部加装瓷套或复合空心绝缘子承担机械负荷，芯体和支撑绝缘间以硅脂类膏状物或其他绝缘材料作为填充。

胶粘纸套管主绝缘由涂覆有树脂的纸卷制而成，铝箔为电容屏经固化形成芯体，外部加装瓷套或复合空心绝缘子承担机械负荷，芯体和支撑绝缘间以硅脂类膏状物或其他绝缘材料作为填充。

玻璃钢干式电容型复合外套套管是近些年出现的变压器套管新型式，其内绝缘层采用玻璃纤维浸环氧树脂计算机控制交叉叠绕而成，半导体带为电容屏。随缠绕随固化形成纯固体主绝缘。与其他电容型套管的铝箔电容屏相比，半导体带有很好的适形性且由于自身的特性，电容屏边缘不需特殊处理，另外半导体带基材为同种玻璃纤维，不存在膨胀系数不同而开裂的可能。因此，玻璃钢干式电容型复合外套套管具有免维护、机械强度高、主绝缘耐高温、耐老化、耐油、耐六氟化硫等特点，性能稳定。

除了常见的油—空气套管之外，变压器套管还有油—SF_6、油—油等型式，其绝缘结构没有太大区别，所不同的是套管一端运行时处在变压器本体油中，另一端运行时处在 SF_6 气体或者油中，典型的外形机构图如图 3-3～图 3-5 所示。

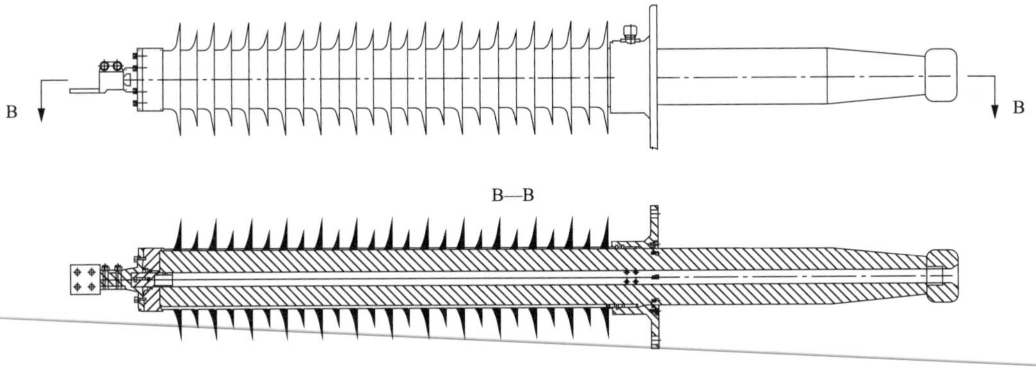

图 3-3　油—空气套管的外形

三、套管的试验简介

1. 出厂试验

（1）出厂例行试验：

1）外观及尺寸检查；

2）介质损耗因数（tanδ）及电容量测量；

3）雷电冲击干耐受电压试验；

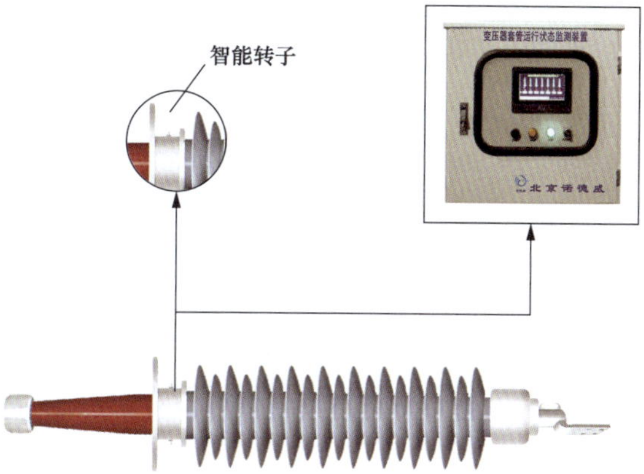

(a)

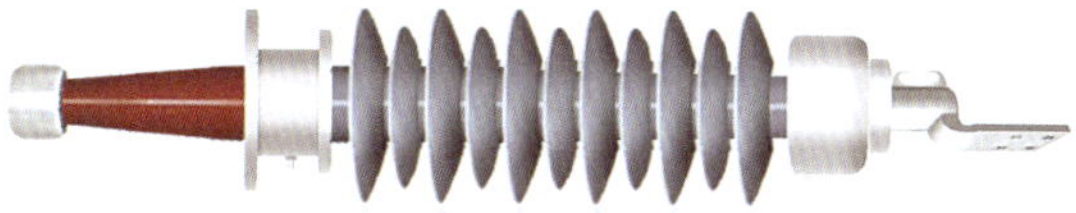

(b)

(c)

图 3-4　套管（北京诺德威）

（a）带状态监测的数字化智能型变压器套管；（b）专业设计的海洋性气候用玻璃钢变压器套管；

（c）专业设计的高海拔地区用玻璃钢变压器套管

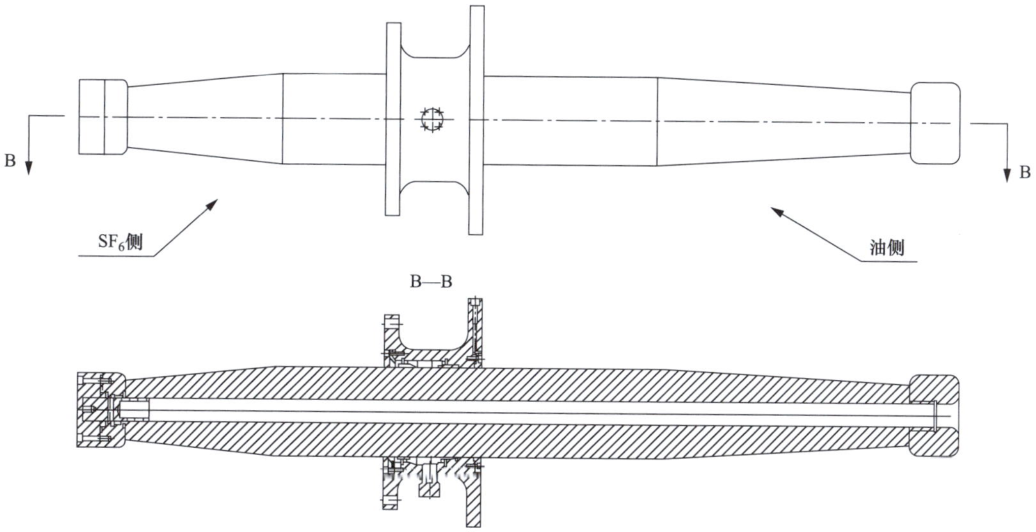

图 3-5　油—SF_6 套管的外形

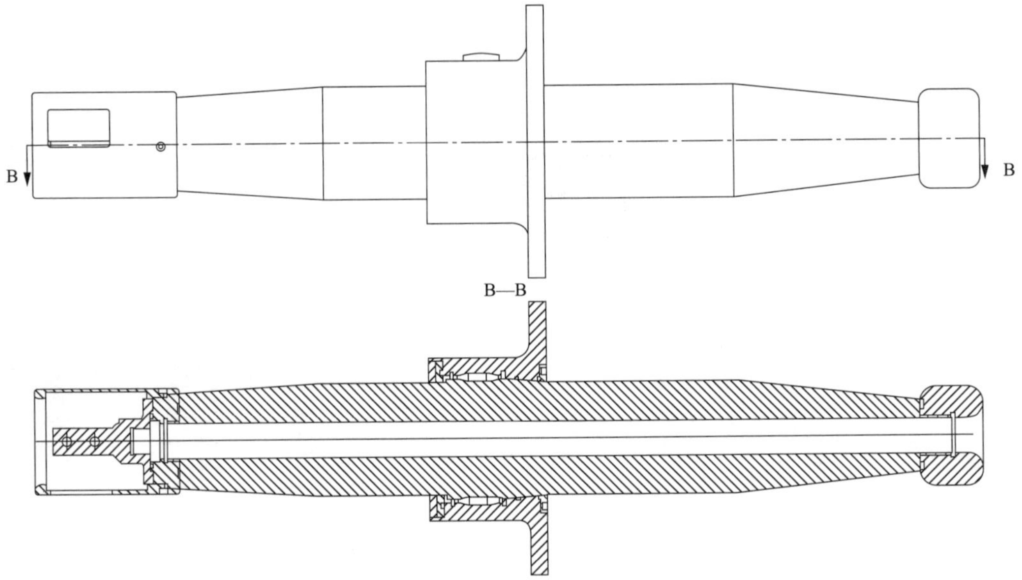

图 3-6　油—油套管的外形

4）60s 工频耐受电压试验；

5）局部放电测量；

6）测量端子 60s 耐受电压试验；

7）密封试验。

（2）出厂抽样试验：

1）爬电距离测量；

2）中心导杆及安装法兰密封试验。

2. 型式试验

（1）60s 工频干耐受电压试验；

（2）60s 工频湿耐受电压试验；

（3）雷电全波冲击耐受电压试验；

（4）雷电截波冲击耐受电压试验；

（5）操作冲击干耐受电压试验；

（6）操作冲击湿耐受电压试验；

（7）测量端子电容量及 $\tan\delta$ 测量；

（8）温升试验；

（9）热短时电流耐受试验；

（10）热稳定性能试验；

（11）弯曲耐受负荷试验；

（12）密封试验。

四、交接试验

套管交接试验见表 3-2。

表 3-2　　**套管交接试验项目**

序号	试验项目	要求	说明
1	油纸绝缘电容型套管绝缘电阻	1. 主绝缘：≥10000MΩ。 2. 末屏对地：≥1000MΩ。 3. 套管有分压抽头，其试验要求与末屏相同	包括套管主绝缘和末屏对地绝缘的绝缘电阻。采用 2500V 兆欧表测量
2	油纸绝缘电容型套管电容量和介质损耗因数（20℃）（电容型）	1. 电容量初值差不超过±5%。 2. 介质损耗因数符合下表要求： 500kV，≤0.005； 油浸纸：≤0.007； 聚四氟乙烯缠绕绝缘：≤0.002； 树脂浸纸：≤0.007； 树脂粘纸（胶纸绝缘）：≤0.015	1. 如果测量值异常（测量值偏大或增量偏大），可测量介质损耗因数与测量电压之间的关系曲线，测量电压从 10kV 到 $U_m/\sqrt{3}$，介质损耗因数的增量应不大于±0.003，且介质损耗因数不超过 0.007（$U_m \geq 550$kV）、0.008（U_m 为 363kV/252kV）、0.01（U_m 为 126kV/72.5kV）。分析时应考虑测量温度影响。 2. 20kV 以下纯瓷套管及与变压器油连通的油压式套管不测 $\tan\delta$
3	末屏（如有）电容量和介质损耗因数	电容量不应有明显变化。 介质损耗因数，≤0.015（注意值）	当电容型套管末屏对地绝缘电阻小于 1000MΩ 时，应测量末屏对地介质损耗，其值不大于 0.02，试验电压为 2000V。 干式套管不作要求
4	SF_6 气体湿度检测（充气）	符合设备技术文件要求	见第二章第四节
5	油纸绝缘电容型套管油中溶解气体分析	1. 绝缘油的性能应符合第 7 章相关要求。 2. 油中溶解气体组分含量（μL/L）不宜超过下列任一值，总烃：10，H_2：150，C_2H_2：0	主变压器高压油纸电容式套管在变压器局部放电试验后应采油样进行色谱和微水分析
6	交流耐压和局部放电测量	交流耐压：出厂试验值的 80%，时间 60s。（2002 版，85%） 局部放电（$1.05U_m/\sqrt{3}$）：（50—150 无要求） 油浸纸、复合绝缘、树脂浸渍、充气，≤10pC； 树脂粘纸（胶纸绝缘），≤100pC（注意值）	1. 35kV 及以下纯瓷穿墙套管可随母线绝缘子一起耐压。 2. 耐压及局放试验前后应进行套管油色谱分析。 3. 全密封套管可参考厂家要求
7	SF_6 套管气体试验	1. SF_6 气体的性能应符合如下要求：SF_6 气体充入设备 24h 后取样，SF_6 气体水分含量不得大于 250μL/L（20℃体积分数）。 2. SF_6 气体绝缘互感器定性检漏无泄漏点，有怀疑时进行定量检漏，年泄漏率应小于 1%	

续表

序号	试验项目	要求	说明
8	气体密封性检测（充气）	≤1%/年（注意值）	当气体密度表显示密度下降或定性检测发现气体泄漏时，进行本项试验。方法可参考 GB/T 11023
9	气体密度表（继电器）校验（充气）	符合设备技术文件要求	数据显示异常或达到制造商推荐的校验周期时，进行本项目。校验按设备技术文件要求进行
10	SF_6 气体成分分析（充气）	符合设备技术文件要求	

五、例行试验

（1）绝缘电阻。

包括套管主绝缘和末屏对地绝缘的绝缘电阻。采用 2500V 兆欧表测量。

（2）电容量和介质损耗因数测量。

对于变压器套管，被测套管所属绕组短路加压，其他绕组短路接地。如果试验电压加在套管末屏的试验端子，则必须严格控制在设备技术文件许可值以下（通常为 2000V），否则可能导致套管损坏。

测量前应确认外绝缘表面清洁、干燥。如果测量值异常（测量值偏大或增量偏大），可测量介质损耗因数与测量电压之间的关系曲线，测量电压从 10kV 到 $U_m/\sqrt{3}$，介质损耗因数的增量应不超过±0.003，且介质损耗因数不大于 0.007（$U_m \geqslant 550$kV）、0.008（U_m 为 363kV/252kV）、0.01（U_m 为 126kV/72.5kV）。分析时应考虑测量温度影响。

不便断开高压引线且测量仪器负载能力不足时，试验电压可加在套管末屏的试验端子，套管高压引线接地，把高压接地电流接入测量系统。此时试验电压必须严格控制在设备技术文件许可值以下（通常为 2000V）。要求与上次同一方法的测量结果相比无明显变化。出现异常时，需采用常规测量方法验证。

（3）相对介质损耗因数（带电）。

具备条件时做本项试验，检测从套管末屏接地线上取信号，单根测试线长度应保证在 15m 以内。

可取同相的电流互感器末屏电流与本身末屏电流相位差值的正切值。

变化量=｜本次试验值－初值｜。初值宜选取设备停电状态下的介质损耗因数为合格、带电后一周内检测的数值。相对设备宜选择同相异类设备，如果因距离原因可选择同类异相设备，但一经确定就不可更改。当达到缺陷标准时，应停电进行例行试验。

（4）相对电容量比值（带电）。

具备条件时做本项试验，检测从套管末屏接地线上取信号，单根测试线长度应保证在 15m 以内。可取同相的电流互感器电容与本身电容的比值。

初值宜选取设备停电状态下的电容量为合格、带电后一周内检测的数值。相对设备宜选择同相异类设备，如果因距离原因可选择同类异相设备，但一经确定就不可更改。当达到缺陷标准时，应停电进行例行试验。

第二节　套管常见故障及处理

一、套管导电杆和接线板发热

（1）故障原因：套管导电杆和接线板接触不良。

（2）处理方法：变压器停电检修时，拆下套管上部的接线板，检查套管导电杆表面应无损坏，否则应处理，严重时应更换；清洁套管导电杆表面及接线板；在套管导电杆表面涂导电脂，重新安装接线板。

二、渗漏油

（1）故障原因：瓷套接缝、安装法兰等密封失效。

（2）处理方法：瓷套接缝部位渗漏，则需立即安排停电检查处理；对于无法修复的套管必须更换。安装法兰处的渗漏，视情况进行螺栓紧固或更换密封圈。

第三节　套管故障案例

案例一　500kV套管定位销脱位导致端部发热

一、故障情况

某公司变电运行中心汇报某500kV变电站3号主变压器高压套管B相严重发热（117.1℃，温差为92.6K），当时3号主变压器有功功率573MW。红外测温图片见图3-7。

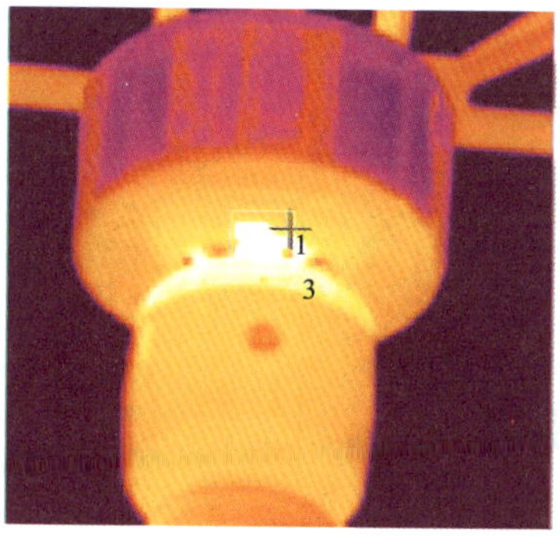

图3-7　高压套管红外测温图像

发现缺陷后，运行人员加强了对该主变压器套管的测温工作，测温数据记录见表 3-3。

表 3-3　　　　B 相套管测温记录表

测温时间	B 相套管温度（℃）	正常相套管温度（℃）	相对温差（K）	有功功率（MW）
3 月 11 日中午	77.4	25.3	52.1	545
3 月 11 日晚	65.0	12.5	52.5	556
3 月 12 日中午	75.6	23.2	52.4	545
3 月 12 日晚	65.5	14.1	51.4	536
3 月 13 日中午	76.7	24.9	51.8	532
3 月 13 日晚	62.8	12.2	50.6	511
3 月 14 日中午	77.1	25.7	51.4	521
3 月 14 日晚	66.3	12.6	53.7	553
3 月 15 日中午	74.2	22.4	51.8	531
3 月 15 日晚	65.6	11.9	53.7	557
3 月 16 日中午	76.8	24.3	52.5	549
3 月 16 日晚	68.2	14.6	53.6	544

红外跟踪期间，3 号主变压器高压套管相对温差未有明显变化。3 月 17 日，在负荷电流未有增长情况下套管温度突增至 117.1℃，相对温差达到 92.6K，说明缺陷程度已加重。为避免因发热时间过长造成套管密封件老化引发的变压器套管事故，决定对该主变压器进行停电处理。

二、故障诊断

主变压器停役后检修人员首先对 3 号主变压器 B 相高压套管接线端子及引流板进行检查，未发现有明显过热痕迹。随后检查绕组引线与套管连接部分（即将军帽）。当打开套管引线连接端盖时，发现内部有很多已烧焦的绝缘纸屑及一根长约 30cm 的绝缘纸带，见图 3-8（a）。进一步检查发现引线定位销与端盖内壁间已放电，见图 3-8（b）。引线连接端盖内壁发现放电点，见图 3-8（c）。绕组引线端螺纹连接处有明显过热迹象，见图 3-8（d）。

(a)　　(b)

图 3-8　故障套管内部情况（一）

（c）　　　　　　　　（d）

图 3-8　故障套管内部情况（二）

由于 3 号主变压器 500kV 高压套管在制造上设计了与垂直轴向外倾斜 15°的结构，定位销方向又正好与变压器短轴方向一致，因此，就套管顶部的定位销而言，其与水平面直接存在一个斜向下 15°的坡度。见图 3-9、图 3-10。

图 3-9　3 号主变压器套管外部结构

图 3-10　套管顶部定位销照片

定位销的主要作用是固定绕组引线，由于主变压器在安装、检修拆头及运行中不可避免地受到不同程度的震动，在重力作用下导致定位销慢慢向下移动逐步脱位，造成引线与连接端盖松动，见图 3-11。这是引起发热的直接原因。

图 3-11　定位销移动脱位后引线与连接端盖松动情况

由于3号主变压器500kV B相高压套管定位销错位10mm左右，造成定位销一端与连接端盖间隙过小，此间隙又为空气绝缘间隙，当定位销与连接端盖间存在电位差时即可能造成低能量间隙悬浮放电，放电产生的热能迅速增加了套管将军帽的温度，这也是套管温度突增的原因。由于在检查过程中发现较多绝缘纸带垫与定位销与连接端盖之间，因此怀疑制造厂已注意到定位销存在脱位的问题，故在此中加入了绝缘纸已防止定位销脱落。

三、预防措施

此次缺陷主要还是由于套管制造厂与变压器制造厂在设计制造中考虑不周造成，为保证主变压器运行安全，加强安装同类型套管变压器的红外测温工作，同时与制造厂沟通，结合停电对所有该型号套管进行一次检查，对定位销采取防脱位措施整改。

案例二　220kV套管尾部放电导致主变压器损坏

一、故障情况

某500kV变电站1号主变压器三侧跳闸，C相顶部着火。灭火后检查发现C相主变压器本体油箱及散热器变形比较严重，油箱接缝多处开裂，密封胶垫烧坏，变压器油流出，220kV套管侧压力释放器与排油管道崩裂。主变压器三侧及中性点套管瓷套碎裂脱落，只剩套管导电杆。三侧套管引线不同程度烧损。C、B相风冷控制箱烧坏，1号主变压器端子箱及电缆沟电缆未受损伤。C、B相间防火隔墙表面受火熏烤变黑，见图3-12。

二、故障诊断

图3-12　主变压器外观照片

返厂本体吊罩后检查发现，大部分引线支架失去支撑，中压和高压引线塌落；主柱器身围屏全部被烧毁，旁柱器身围屏部分被烧毁；器身下部的绝缘垫板、铁轭绝缘碳化、塌落严重；无励磁分接开关及支架被烧毁，从支架上塌落下来；高压、调压线圈表面绝缘碳化严重，但未有扭曲变形情况；铁芯夹件和夹件结构件未出现明显变形；外观检查未发现放电痕迹。

油箱变形比较严重，上节油箱中部箱壁和横加强拱鼓起，油箱4个角的横加强拱长轴和短轴接缝处开裂。上节油箱箱沿与横加强拱之间的中间部分加强板被拉裂，油箱内壁未见放电痕迹。

高压线圈外观较齐整，未发生明显变形。由于线饼油道、垫块及下部绝缘烧毁严重，绝缘碳化后线饼失去支撑，线圈有倾斜的现象。匝绝缘严重烧毁，导线未见拉断和扭曲现象，未发现放电痕迹。

中压线圈无法整体拔出，所以采用分若干饼分别拔出的方式。拔出后对中压线圈每个线饼进行检查，匝间绝缘严重烧毁，绕组未见拉断、扭曲现象和放电痕迹。

低压线圈外表面上下端局部有碳化熏黑的痕迹，其余部分基本完好。经检查，内外表面未见放电痕迹。

调压线圈靠近主柱侧表面部分被碳化或熏黑，其余表面基本完好。经检查，内外表面未发现放电痕迹。

无励磁分接开关烧损严重，未发现放电痕迹。

铁芯片整体形状完整，没有松动和变形，夹件、夹件压钉、拉带、拉架等结构件未发生明显变形，未发现放电痕迹。

高压套管、中性点套管瓷件均已破碎，电容芯子、连接套筒、油枕、接线座、均压球等表面被烧黑，但未发现放电痕迹。中压套管上、下瓷件已破碎，表面被烧黑，空气端部分未发现放电痕迹，油中部分发现大量放电痕迹，具体如下：

（1）中压套管油中部分整体如图 3-13 所示。

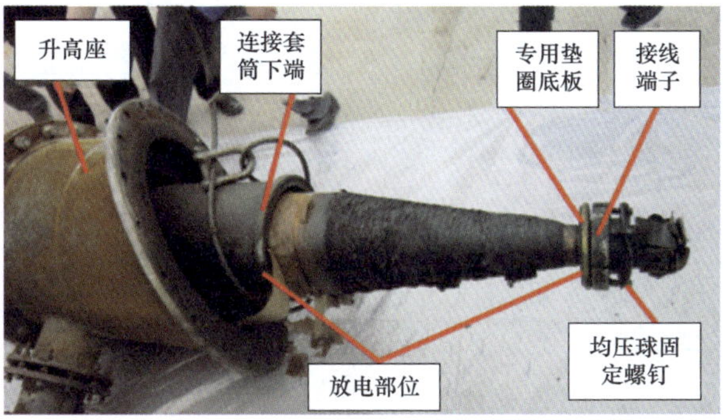

图 3-13　套管油中部分示意图

（2）在套管连接套筒下端密封圈外侧边沿有两处电弧烧蚀点，分别长约 220mm、325mm，在套管连接套筒下端密封圈内侧端面有一处电弧烧蚀点，如图 3-14 所示。

（3）油中接线端子外沿多处电弧烧蚀点，如图 3-15 所示。

图 3-14　套管连接套筒下端图

图 3-15　套管油中接线端子

（4）专用垫圈底板外边沿有多处电弧烧蚀点，专用垫圈底板与瓷件连接密封圈内侧端面有两处电弧烧蚀点，专用垫圈底板内孔有三处电弧烧蚀点，如图 3-16 所示。

（5）导电管与专用垫圈底板配合处外表面有三处电弧烧蚀点，如图 3-17 所示。

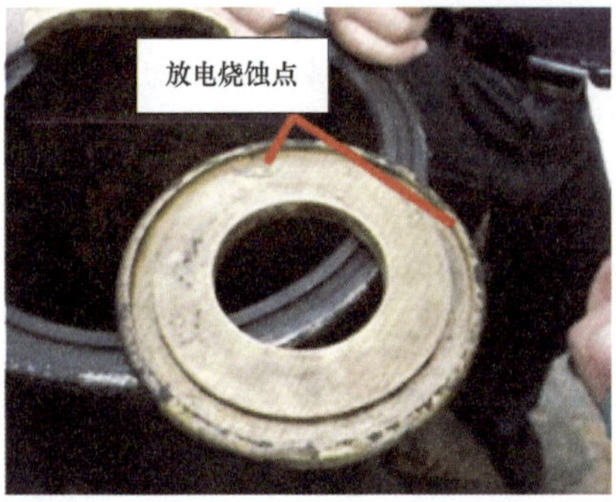

图 3-16　套管专用垫圈底板图

图 3-17　套管导电管下端图

（6）均压球表面外裹绝缘纸浆，绝缘纸浆外部表面有局部碳化、外形完整（见图 3-18），均压球上圆弧内侧有个别小的电弧烧蚀点，三个安装孔正常安装位置上部有磕碰痕迹（见图 3-19），其中一安装孔较大（设计 12mm，实测 14mm），螺钉头可以穿过（见图 3-20）。

图 3-18　均压球外观图

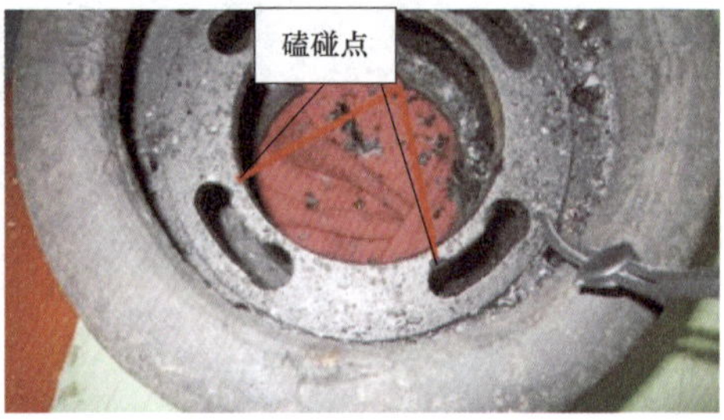

图 3-19　均压球安装孔磕碰痕迹

（7）均压球压板边沿有一处明显有电弧烧蚀痕迹，一孔豁开，一螺钉头磨损严重（见图 3-21）。

图 3-20　均压球

图 3-21　均压球压板孔烧蚀豁开
及此处螺钉头严重磨损

（8）油中瓷件检查。油中瓷件已完全破碎（见图 3-22），如手掌大小。瓷件内外表面均有大面积的电弧烧伤痕迹，表面釉层已严重脱落（见图 3-23、图 3-24）。经试验，无吸红现象，油中瓷件质量试验符合要求。

图 3-22　油中瓷件碎片

图 3-23　油中瓷件外表面电弧烧蚀痕迹

通过故障录波图、保护动作情况分析，故障点在变压器本体内部。经对变压器本体及其附件解体检查，在中压套管尾部发现大量放电痕迹，其余部分未发现放电痕迹，因此中压套管尾部放电是引起变压器损坏的起始原因。

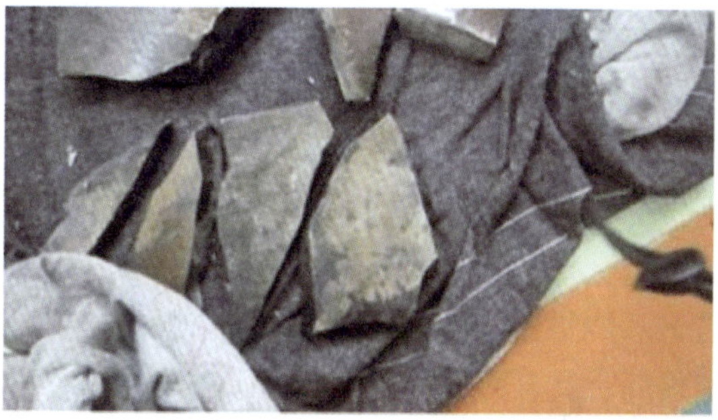

图 3-24　油中瓷件内表面电弧烧蚀痕迹

从解体检查情况看，处于高电位的尾部金具（油中端子、专用垫圈底板、均压球等）有放电痕迹，处于地电位的连接套筒下端边沿及端面有放电烧蚀痕迹，连接高、地电位的中间瓷绝缘表面（油中瓷件内外表面）有电弧烧蚀痕迹。经分析放电通道为：专用垫圈底板（高电位）对连接套筒下端（地电位），沿油中瓷件内外表面放电（见图 3-25）。

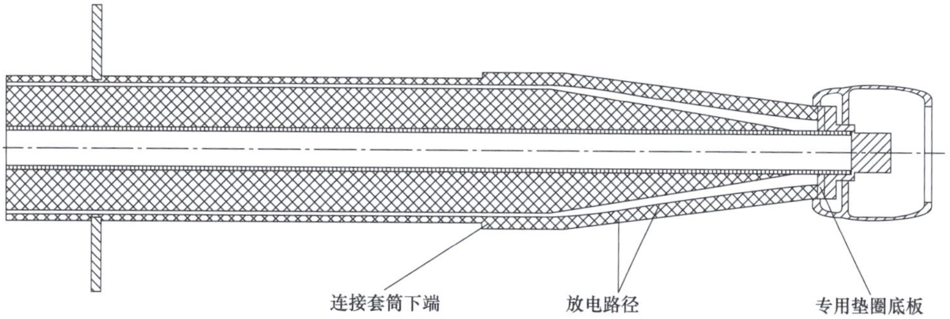

图 3-25　套管尾部放电路径

为了改善套管尾部电场分布，降低表面场强，套管尾部设有均压球，并对油中接线端子与专用垫圈底板等金具起屏蔽作用。

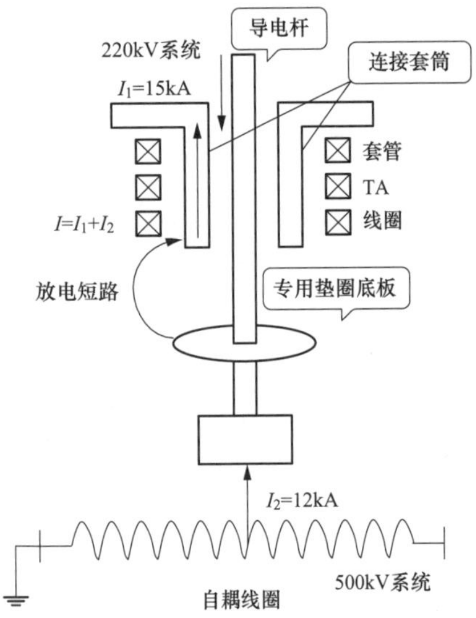

图 3-26　变压器内部短路电流路径示意图

220kV 套管尾部均压球固定方式采用螺钉弹簧卡紧式结构，均压球设计安装固定腰形孔四个，设计宽度尺寸为 12mm，但实测其中一个孔尺寸 14mm，尺寸超差，导致均压球一个安装螺钉从安装孔中脱出，加之该连接方式没有设计防松动锁紧装置，经变压器电磁振动力的作用，均压球产生变位（即倾斜），油中接线端子与专用垫圈底板露出均压球，失去了屏蔽保护，套管尾部场强发生畸变，造成专用垫圈底板与连接套筒之间击穿电压降低。变压器发生短路时，故障电流如图 3-26 所示。

从解体检查情况发现，油中接线端子、专用垫圈底板及连接套筒边沿放电烧蚀痕迹分布不均，说明均压球确实产生过变位、倾斜。

专用垫圈底板与油中接线端子之间用胶皮对导管进行轴向密封，其等电位连接采用胶皮中间两个大头针实现。

从检查情况发现：专用垫圈底板除外边沿电弧烧蚀痕迹外，其端面和油中端子表面之间、其孔内侧与导电管配合处也有电弧烧蚀痕迹。胶皮中有两个大头针，仅外露一个大头针一边端头。见图 3-27。

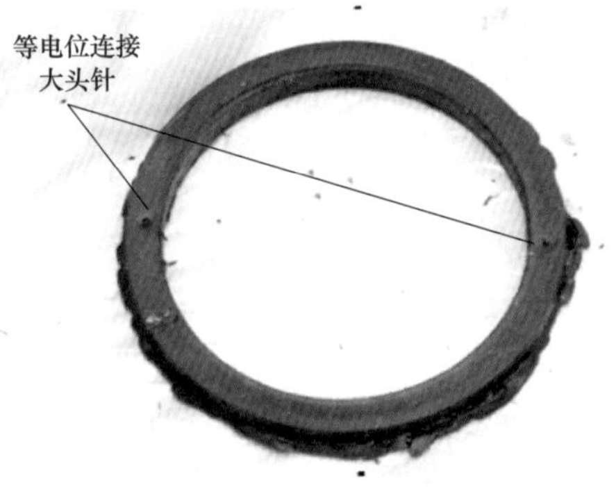

图 3-27　套管尾部专用垫圈底板密封胶皮

经分析认为，在运行中，在各种电动力、振动力的作用下，专用垫圈底板等电位连接出现失效，致使其对油中接线端子、导电管产生悬浮放电，最终导致在畸变的电场下，专用垫圈底板对连接套筒下部沿油中瓷件内外表面发生闪络放电。

该套管尾部均压球采用螺钉弹簧卡紧式结构，未设计防松动锁紧措施，运行中在电磁振动力作用下产生松动，加之有一安装孔加工尺寸过大，均压球从螺钉脱出，发生倾斜变位，引起套管尾部场强畸变。

专用垫圈底板的等电位连接，采用大头针压紧连接方式，在各种电动力、振动力的作用下，其等电位连接出现失效，产生悬浮放电，诱发畸变场强下的专用垫圈底板（高电位）沿油中瓷件表面对连接套筒下端（地电位）闪络放电，引起变压器内部故障烧损。

综上所述，套管的尾部均压球连接未设计防松锁紧机构，专用垫圈底板的等电位连接结构不可靠，是本次主变压器故障的根本原因。均压球安装孔加工工艺控制不严也是本次故障的主要原因。

三、预防措施

（1）改进均压球安装结构。

均压球利用安装在底座上的 4 个安装螺栓组（螺栓、弹簧、定位套），通过均压球安装板上的腰型孔将均压球安装到底座上，为避免均压球松动、螺栓头从腰型孔中脱落，在腰型孔的小孔末端设计螺栓腰型孔定位槽，将均压球锁死（见图 3-28）。

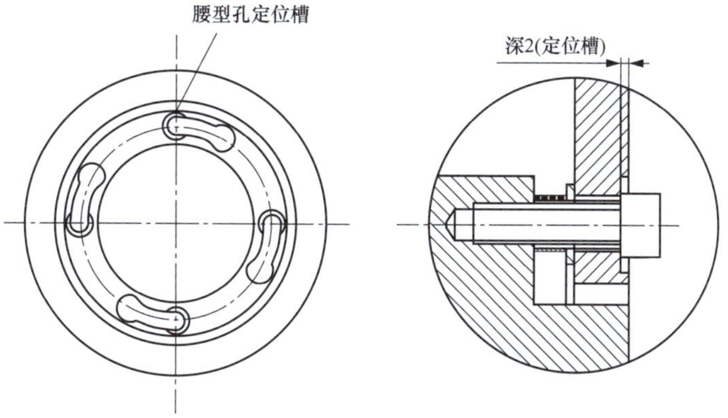

图 3-28　改进的均压球安装方式

（2）改进套管尾部连接方式。

取消专用垫圈底板，采用单底座，通过螺纹与导电管连接，提高零部件间等电位连接的可靠性（见图 3-29）。

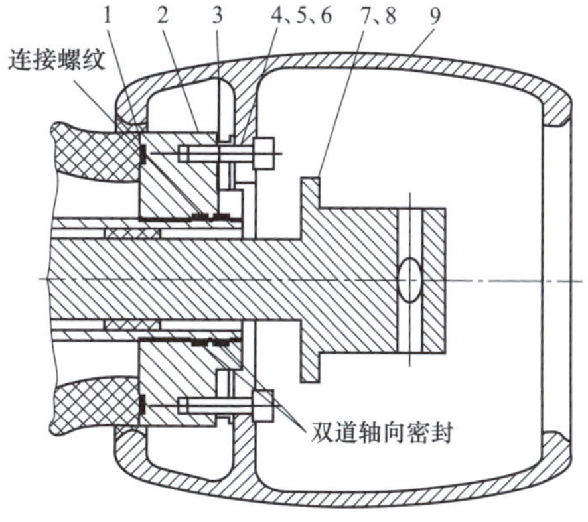

图 3-29　改进的套管尾部连接方式

1—橡皮垫圈；2—底座；3—密封圈；4—螺钉；5—弹簧；6—定位套；7—载流端子；8—定位圈；9—均压球

加强设备选型，在以后的变压器套管选型中，套管尾部要选用长尾型（下瓷套绝缘爬距大于 700mm），电位固定采用单底座螺纹连接结构，均压球设计要有防松锁紧机构。监造人员要将套管尾部结构设计和制造作为监造的重点。

加强运行巡视，对主变压器油温、油位、连接线夹、引线套管、气体继电器、风冷等进行重点检查。

案例三　110kV 套管法兰开裂导致主变压器渗漏油

一、故障描述

某公司运行人员在巡视中发现某 110kV 变电站 2 号主变压器顶部渗油相当严重。

次日停电检查发现，110kV 套管 A 相法兰面严重渗油，经擦拭仔细检查，发现 A、C 二相套管法兰面均有明显裂纹，见图 3-30。

二、故障诊断

在该套管起吊过程中发现，其法兰面中心部位有一圈金属突出部分，由于它和密封件的直径、升高座法兰面槽口的深度二者之间尺寸配合不当，见图 3-31。在安装时，套管法兰面的金属突出部分与升高座法兰面已经接触，但密封件的压缩量不够，造成法兰面渗油。由于目视套管法兰和升高座法之间仍有间隙，安装人员处理这类问题时一般是再紧固一圈，由于过度紧固造成套管法兰外侧以突出部分为支点向下变形，由于法兰水平和垂直连接处大部分为圆弧结构，只有在末屏接地处与法兰面为直角连接，在长期应力的作用下，从直角连接处开始向两侧开裂。此次缺陷属于变压器厂的设计缺陷，在设计升高座时未考虑到套管底法兰结构，造成尺寸不匹配，螺栓紧固不足时有渗漏隐患，螺栓过度紧固后有法兰面断裂隐患。

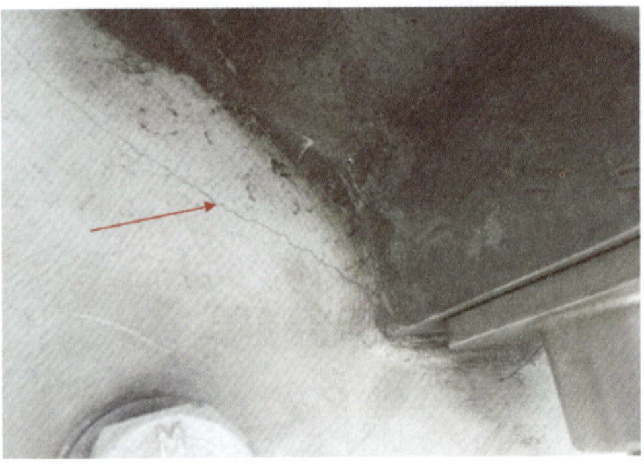

图 3-30　套管法兰裂纹

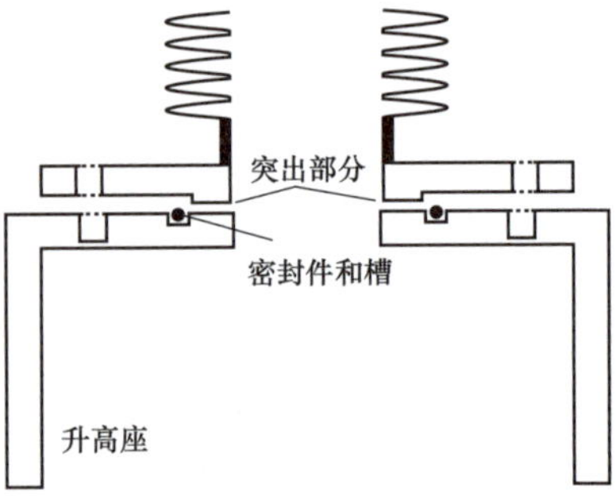

图 3-31　套管与升高座断面示意图

三、预防措施

（1）联系制造厂，排查此类结构套管与升高座的变压器，进行升高座加装薄法兰的整改工作。

（2）变压器安装工作时，重点检套管法兰与升高座法兰面槽口的深度三者之间尺寸配合问题。

案例四　500kV 套管外绝缘雨中闪络导致主变压器跳闸

一、故障情况

2003 年 5 月 29 日 2 时 37 分，某 500kV 变电站内 1 号主变压器差动保护动作跳闸，该台变压器型号为 DFPS1-250000/500，由国内某变压器厂与 1986 年 7 月生产，当年 11 月正式投运，事故时套管为某厂家 1991 年生产。

二、故障诊断

对该台变压器进行了试验和解体检查，C 相主变压器 500kV 套管储油柜下部对中部法兰放电。在事故发生当时，该地区有大雨，急风雨中发生了闪络事故。故障套管虽有四个增爬裙，但由于引线上方采取的分水措施伞裙较小，分水效果不太好，遇到急雨，仍有大量污水落到套管外表面上，造成绝缘特性的降低。

三、预防措施

事故后，对该站内变压器套管均采取了加大分水伞裙，加装增爬裙和喷涂 RTV 的措施。

案例五 110kV 套管污秽导致伞裙放电发热

一、故障情况

运行人员在巡视中利用红外热像仪发现某 110kV 1 号主变压器 A 相套管有一个伞裙发热异常，该套管的红外图像见图 3-32。

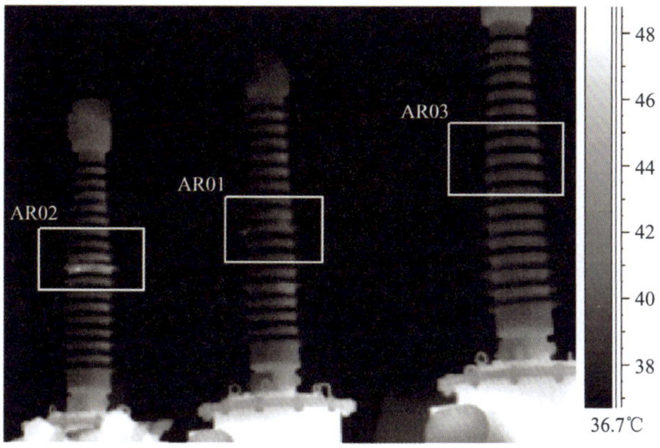

图 3-32 套管红外热成像图（左起分别为 A、B、C 相）

从图 3-32 可以看出，该主变压器 A 相套管自上而下第 9 至第 10 伞裙温度异常，比同相其他位置和 B、C 相相同位置的温度高约 4℃；而 B、C 相套管自上而下温度分布较均匀。

二、故障诊断

为进一步进行故障诊断，对该套管开展了紫外成像测试，紫外图像见图 3-33。从图中可以看出，A 相套管在第 8 至第 10 伞裙（自上往下）位置有强烈异常的放电现象，紫外光子数远远大于其他位置；而 B、C 相套管自上而下各伞裙无明显放电异常，紫外光子数都非常少，表明 A 相套管在第 8 至第 10 伞群之间有明显的场强集中和较强烈局部放电现象。紫外检测显示的套管表面电场分布异常位置与红外检测显示的套管表面发热异常位置完全吻合。

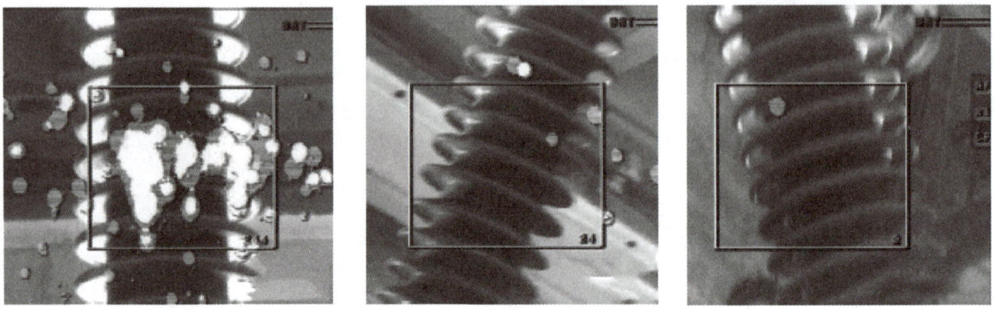

A相　　B相　　C相

图 3-33　套管紫外热成像图

在主变压器停电后，对套管表面进行仔细检查，发现三相套管表面都有不同程度积污，A 相套管污秽最严重，且在 A 相套管自上往下第 8～9 伞裙有明显放电烧蚀痕迹，且伞裙上黏结了大量颗粒状粉尘物质，经擦拭仍无法消除。

对该主变压器三相套管分别开展了电容量、介质损耗和绝缘油微水、油色谱试验，试验数据均正常。从带电检测和停电检查情况判断，瓷套表面存在局部污秽放电。

三、预防措施

对于容易积污的高压设备应加强巡视和状态监测，尤其在设备容易受潮条件下应加强跟踪监测，发现设备有发热或放电异常时应立即停电处理，必要时在恶劣天气来临前开展设备清扫，防止污闪事故发生。

案例六　220kV 套管瓷套脱离导致主变压器跳闸

一、故障情况

某 220kV 变电站发生变零序保护动作、重瓦斯动作、三侧开关跳闸，现场检查发现 2 号主变压器高压侧 A 相引线线夹与套管接线桩脱离，高压套管瓷套从根部脱离、气体继电器内充满气体。

二、故障诊断

调取故障录波发现，故障开始初期，三相出现不平衡现象，此时该高压侧零序电流值 0.68A 已经接近零序Ⅰ段动作值 0.72A，考虑精工电流误差，已经出现短暂启动现象（持续 20ms），在距第一次启动 1.12s 后，此时 A 相零序电流增大，零序Ⅰ段完全启动，持续 2.94s 动作出口跳开 2 号主变压器高压侧开关。

变压器外观检查发现高压套管A相引线线夹与套管接线桩脱离，高压套管瓷套从根部脱离，见图3-34。本体重瓦斯动作，气体继电器内有气体，断流阀动作，本体油位在4点位置（储油柜油位-温度曲线基本正常），现场所溢出的绝缘油基本为套管油。

图3-34　高压套管A相

套管导电杆螺牙基本磨平，套管顶部螺母应为螺纹咬合强度失效被推出。套管顶部多个击穿孔洞，为引线脱离套管后对套管端部油枕拉弧所致，见图3-35。

图3-35　导电杆与顶部螺母以及套管顶部

为判断变压器内部是否出现绝缘故障，现场对变压器本体绝缘油及气体继电器中存在的气体取样进行了色谱分析，色谱数据见表3-4。本体绝缘油色谱分析数据正常，气体继电器内气体组分与绝缘油中基本一致。

表3-4　　2号主变压器气体继电器及油中气体分析　　（$\times10^{-6}$）

组分 / 含量 / 位置	氢气	甲烷	乙烷	乙烯	乙炔	总烃	一氧化碳	二氧化碳
上部油样	14	2.8	0.4	0.5	0	3.6	129	772
下部油样	14	2.5	0.4	0.5	0	3.3	132	771
瓦斯继电器	38	3.8	0.1	0.2	0	4.1	97	578

由现场检查、故障录波及变压器油气试验结果分析认为：整个故障过程保护信号未见无明显故障电流，绝缘油色谱分析正常，变压器绝缘未见异常。

气体继电器内气体成因及动作原因分析：主变压器因缺相故障跳闸后，此时变压器与系统隔离，本体油温呈下降趋势，储油柜断流阀动作，切断了储油柜与主变压器本体的油路，本体因绝缘油温度下降体积收缩呈现负压，本体绝缘油中的气体组分出现类似真空脱气状态，油中部分气体溢出（其间不排除套管下瓷套内绝缘油及部分空气从套管法兰处吸入）并汇聚于气体继电器中，引起本体重瓦斯动作。

综上，变压器本体绝缘无异常，套管损坏是造成变压器故障的原因。

故障套管下瓷套端部与上瓷套储油柜顶部之间采用压紧螺母施以 105kN 压紧力将其夹紧，各组件间仅通过压紧力固定。一旦压紧力消失，套管各部件的固定作用即丧失。因此，现场出现瓷套上法兰位移现象。

套管返厂解体检查分析认为，故障由套管端部压紧螺母（装配压力 105kN）因某种原因导致其失效，将套管引出线从套管端部顶脱。

套管解体检查发现：套管外端子三颗压紧螺母中，有一颗未压紧，内部端子及套管外端子内表面外观发暗，与另两相套管相关部位颜色差异明显，见图 3-36；套管可能存在端子接触不良过热可能。

图 3-36　A、B、C 相套管外端子内表面

经进一步了解套管设计，该型套管所用铝管的材料性能与温度关系如下表，由表 3-5 可见，当温度上升较大时，其屈服强度下降严重，而根据其设计的安全裕度为 2.78。当套管连接部分接触不良时，由于接触部位靠近压紧螺母部位，有可能是压紧螺母及铝管温度升高至较高温度，造成铝管及压紧螺母强度不足。

表 3-5　　铝管的材料性能与温度关系表

温度	25℃	100℃	150℃	205℃
铝管屈服强度（MPa）	215	193	138	45
与常温（25℃）相比	100%	90%	64%	21%
材料强度折算至压紧力（kN）	291.9	262.0	187.4	61.1
压紧螺母压紧力（kN）	105	105	105	105
安全系数	2.78	2.50	1.78	0.58

注：套管压紧螺母随温度不同有小幅变化，此处为简化起见，对压紧螺母的压紧力变化未作考虑。

由于该主变压器自投运以来负荷极低。因此，通常开展红外测试时变压器基本处于空载状态，接触不良过热现象无法发现。

三、预防措施

对该型号套管进行排查，针对性地开展红外精确测温工作，重点关注套管端部连接位置。

案例七 110kV 套管末屏悬浮放电

一、故障情况

某 110kV 变电站 1 号主变压器进行首检时发现高压套管三相末屏及末屏端盖有不同程度的放电痕迹。其中 B 相放电情况最为严重，见图 3-37、图 3-38。

图 3-37 B 相套管末屏端盖图

图 3-38 B 相套管末屏

对高压套管进行相关试验，A、B、C 末屏绝缘电阻不合格，试验数见表 3-6。

表 3-6 套管电容量、介损及绝缘电阻试验数据

相别	序号	铭牌电容（pF）	百分数（%）	tanδ（%）	测量电容量（pF）	末屏绝缘电阻（MΩ）
A	071933	284	−0.04	0.308	283.9	1
B	072161	285	−0.67	0.295	283.1	0.5
C	071939	290	−0.93	0.291	287.3	460
0	06038	322	−1.02	0.317	318.7	3000

色谱结果显示 A、B 套管内部存在不同程度的放电，其中 B 相最为严重，试验数见表 3-7。

表 3-7 套管色谱试验数据

设备 / 含量 / 组分	A 相	B 相	C 相	0 相
氢气 H_2	300	6444	114	10
甲烷 CH_4	3.3	1547.2	2.3	2.1

续表

含量 组分 \ 设备	A相	B相	C相	0相
乙烷 C_2H_6	0.4	162.8	0.0	0.2
乙烯 C_2H_4	2.4	1772.6	0.0	0.3
乙炔 C_2H_2	12.0	8567.8	0.0	0
总烃	18.2	12050.4	2.3	2.6
一氧化碳 CO	125.0	311.0	129.0	187
二氧化碳 CO_2	233	384	287	511

二、故障诊断

该套管制造厂 2008 年以前生产 110kV 及以上变压器套管均采用了推拔式结构的末屏，见图 3-39。

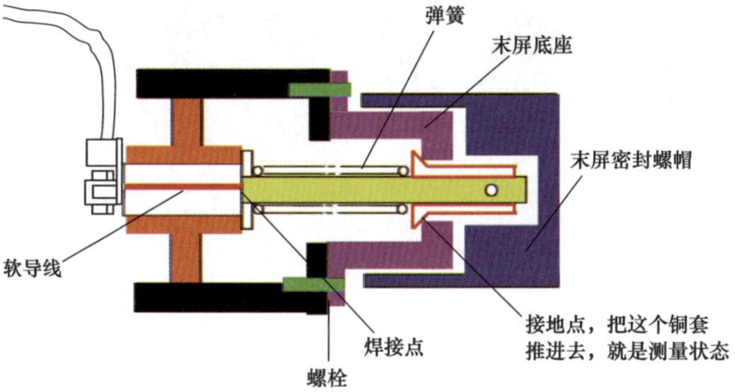

图 3-39 末屏结构图

三、预防措施

结合停电对推拔式末屏结构的主变压器套管进行检查，并更换末屏端盖，保证运行中主变压器套管末屏可靠接地。

案例八 220kV 套管安装工艺偏差导致套管炸裂起火

一、故障描述

某 220kV 变电站 2 号主变压器套管发生炸裂起火故障，随后引起主变压器其他部位着火，主变压器差动保护动作，跳开主变压器三侧开关。

二、故障诊断

该主变压器保护动作时序情况如下：

17：24，2 号主变压器纵差动作，动作相为 B 相，同时 2 号主变压器三侧开关跳闸；

17：31，2 号主变压器压力释放动作；

17：32，2 号主变压器绕组温度高告警；

17：32，2 号主变压器有载重瓦斯动作；

17：33，2 号主变压器油温高跳闸；

17：36，2 号主变压器本体轻瓦斯动作；

17：36，2 号主变压器本体重瓦斯动作；

17：38，2 号主变压器本体油位低；

17：38，2 号主变压器有载油位低。

从保护动作行为分析，2 号主变压器高压 B 相发生单相接地故障，引起差动保护动作，主变压器三侧跳闸，保护行为正确；压力释放动作系压力释放阀处于起火烧蚀范围内，被火烧蚀引起释放阀损坏；主变压器轻、重瓦斯信号及绕组温度高、油位低等信号短时间内先后发信，为二次端子箱火烧蚀引起。

经现场检查，龙门架至 2 号主变压器高压 C 相引下线烧蚀断裂，高压 B 相和 C 相套管外瓷套碎裂散落，油纸绝缘及电容芯子烧毁，端子箱内大部分二次端子存在烧结现象，有载调压开关气体继电器烧蚀损坏，一只压力释放阀烧损，一侧散热器烧蚀后密封失效渗漏油。初步判断为 2 号主变压器 B 相高压套管发生单相接地故障，引发 B 相高压套管炸裂，出现喷油起火，随后引起其他部位着火。

对套管进一步解体检查，高压三支套管，B 相和 C 相瓷套碎裂、电容芯子烧毁，A 相瓷套部分伞裙受损。对 C 相套管中心铝管和末屏引出线进行检查未发现电弧放电痕迹；对 B 相套管油枕进行解体，发现头部采用压簧片压紧，中心铝管和管内导线的电弧烧熔处位于铝管顶部向下 1267mm 处，末屏引出线熔断。判断为故障为 B 相高压套管内部缺陷引发绝缘击穿，见图 3-40。

该套管内部的导电铝管上包裹着电容芯子，空腔内充满油，外部从上到下依次为接线端子、储油柜、上瓷套、法兰、下瓷套、均压球。外部各部分的连接需要图 3-41 中压簧片提供较强的压紧力进行压紧，保持密封和紧固。由于套管正常工作时内部导电铝管与外部结构（储油柜、上瓷套、法兰、下瓷套）随温度变化的伸缩量不同，存在差量，该差量需压簧片的形变进行补偿。压簧片的弹性形变和压紧力是套管外部密封性能关键参量。

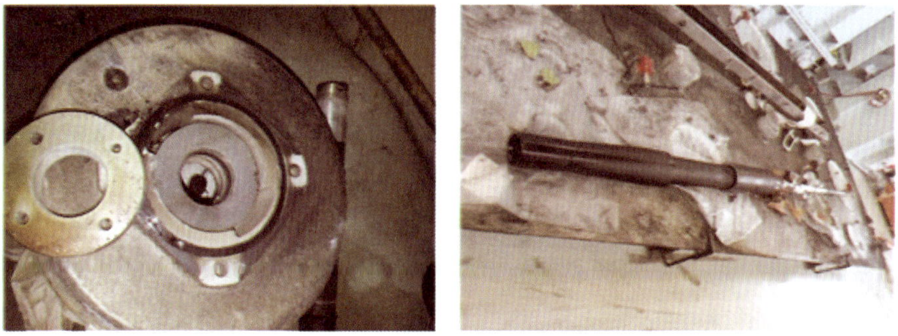

图 3-40　B 相套管残余部分解体检查（一）

图 3-40　B 相套管残余部分解体检查（二）

套管头部安装时，压簧片 3 片一组，共三组，排列方式如图 3-42 所示。压簧片外径 99.77mm、内径 51.06mm，3 片一组安装，9 片共三组总厚度 36.67mm，9 片全压缩厚度为 26.46mm，最大压缩量 10.21mm。据制造厂资料显示，压簧片安装时压力为 20700N。

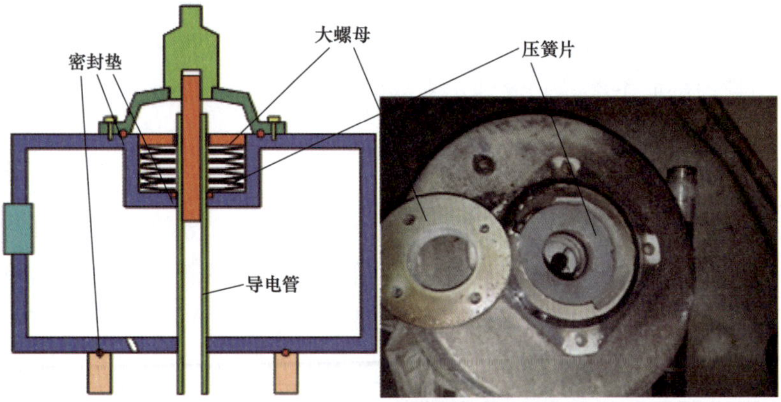

图 3-41　套管油枕结构

对压簧片做压力和压缩量测试，试验结果如图 3-43 所示。

从测试结果可以看出：

（1）压簧片的最大压缩储能约为 120J；

（2）安装时压簧片在 20700N 的压紧力下，压簧片的压缩量为 8.3mm；

（3）压簧片最大压缩量为 10.21mm，可以提供最大压紧力 23400N。

参考多家 220kV 套管设计参数如表 3-8 所示，发现该套管压簧片压紧结构存在问题，其压簧片的最大压缩储能约为 120J，安装时压簧片储能约为 85.9J，远小于其他厂

图 3-42　三片一组布置的压簧片

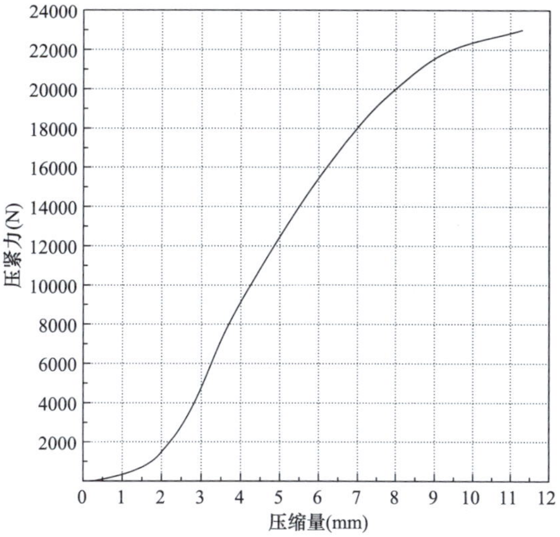

图 3-43　压缩量与压紧力的关系测试曲线

家同电压等级套管（同电压等级其他制造厂套管采用弹簧组储能大于 1000J）。另外，该套管压簧片的安装压缩量仅为 8.3mm，同样小于其他厂家同电压等级套管（同电压等级其他制造厂套管采用弹簧组，安装压缩量大于 20mm）。

表 3-8　　　　220kV 套管设计参数

制造厂	安装压紧力（kN）	安装时弹簧压缩量（mm）	安装时弹簧储能（J）
制造厂 1	80	35	1312.5
制造厂 2	105	24.1	1265.3
故障套管制造厂	20.7	8.3	85.9

该套管的中心铝管、储油柜、上瓷套、法兰及延伸筒、下环氧套筒等存在的加工制造公差会影响压簧片的压紧力和压缩量。因压簧片的压缩量调整范围较小，对安装控制要求严苛。若压缩量和套管压紧力不能准确进行控制，其工艺性偏差会对套管密封系统造成隐患。其他制造厂大多采用弹簧组提供压紧力，弹簧形变量足够大（安装压缩量大于 20mm，最大压缩量大于 40mm），其工艺性偏差对密封系统影响较小。

根据标准，计算温度在－40℃～90℃变化范围内套管导电管与套管外部结构之间的形变差量，忽略对形变影响微小的部件，将计算模型简化为五大结构部件，如图 3-44 所示。

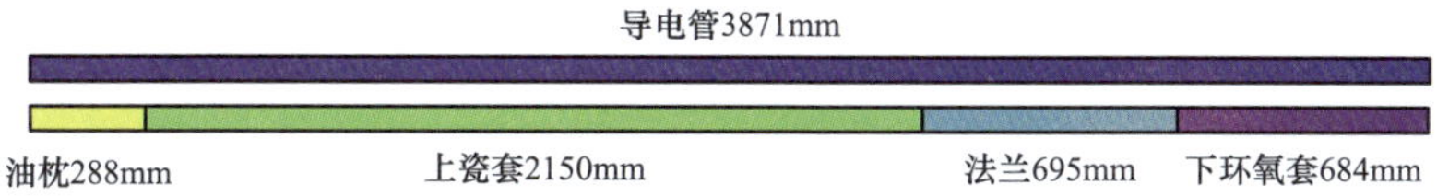

图 3-44　套管形变差量计算简化模型

最严苛的三种工况和本次故障时工况如表 3-9 所示。

表 3-9　　形变差量的计算工况

工况	各部件温度
−40℃	各部件均为−40℃
90℃	导电管 105℃，其他部件均 90℃
极限工况（高负荷突下暴雨）	导电管 105℃，储油柜 20℃，上瓷套 20℃，法兰 60℃，下环氧筒 90℃
本次故障时工况	导电管 60℃，储油柜 20℃，上瓷套 20℃，法兰 60℃，下环氧筒 60℃

从表 3-10 中可以看出，由于该套管安装时设计安装压紧力较小为 20.7kN，远小于其他制造厂同电压等级套管（同电压等级其他制造厂套管采用弹簧组，压紧力大于 80kN），运行中压簧片调整后压紧力变小，极限工况下套管压紧力仅为 6kN，故障时套管压紧力为 16.3kN，远小于其他制造厂同电压等级套管在极限工况下的压紧力（同电压等级其他制造厂套管采用弹簧组储能，在极限工况下形变差量调整后压紧力大于 50kN）。

表 3-10　　形变调整前后套管压紧力

厂家	工况	安装压紧力（kN）	弹簧初始压缩量（mm）	形变差量（mm）	弹簧形变调整后压缩量（mm）	调整后压紧力（kN）
制造厂 1	极限	80	35	10	25	54
制造厂 2	极限	105	24.1	6.5	17.6	76.7
故障套管制造厂	极限	20.7	8.3	5.1	3.2	6
故障套管制造厂	故障时	20.7	8.3	2.2	6.1	16.3

综上所述，本次套管故障现象为上瓷套内部中心导电管对地贯穿性放电。从套管的密封结构分析来看，该套管存在压簧片压缩量和压紧力不足、形变调整量不足，工艺性偏差对该类型套管密封性能影响较大，因此由于安装工艺偏差导致 B 相高压套管密封失效引发故障。

三、预防措施

（1）针对该类型套管进行专项排查，在日常巡视中关注渗油现象，发现渗油应及时进行停电处理。

（2）结合主变压器停电检修工作开展该类型套管专项检查，检查套管密封性能是否良好。

案例九　110kV 套管穿缆铜线断股导致主变压器本体总烃超标及套管缺油

一、故障情况

某 220kV 变电站 1 号主变压器在色谱周期试验时发现本体总烃超标，“三比值”法编码为“022”，分析为不涉及固体绝缘的裸金属过热，故障点温度超 700℃。当天晚上 7 时，进行红外成像发现 110kV 侧 C 相套管上部约 31℃，下部约 37℃，上下有温差约

6℃，且有明显的温度分界线，见图 3-45。

二、故障诊断

次日停电试验，放 110kV 侧 C 相套管油样，当补加油拧开上部注油螺丝孔时，发现有较强压力的气体冲出，套管油样分析，发现有大量故障气体。测量 110kV 绕组直流电阻，三相不平衡约 2.5%（原小于 1%），C 相直阻与历史比较明显增大。当即对该套管吊出检查，发现下部穿缆（对应于套管铜管下部）有约 30cm 的铜线已露出，表面所包白布带碳化后掉于下面的线圈表面，露铜处铜缆有明显的断股，见图 3-46。

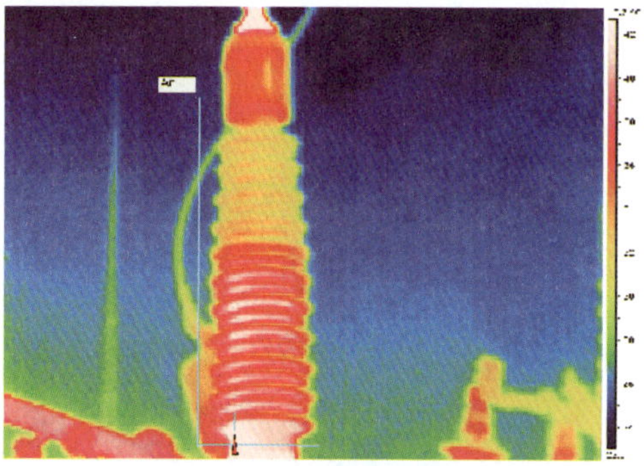

图 3-45　套管缺油红外成像图

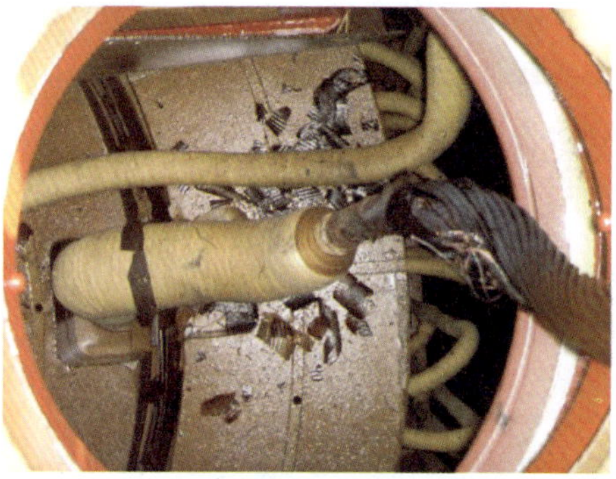

图 3-46　下部穿缆受损情况

根据断股处到穿缆鼻头的长度，检查铜管相应位置，发现此处铜管内壁发黑有过热现象。经分析认为该穿缆绝缘因安装导致穿缆绝缘破损，破损处与套管铜管相接触，铜管通过部分负荷电流。接触点产生高温，产生故障气体。故障气体一方面向铜管顶部聚集，不断增加的气体压力将本体油压到套管铜管外，聚集于套管升高座；另一方面溶于油中，使油色谱分析异常。

三、预防措施

要求运行人员在正常巡视之外，增加对该主变压器得特巡次数，将主变压器套管作为测温重点，并结合天气情况，负荷情况及测温情况进行综合分析评价。按规程要求及时进行油色谱试验，发现异常应及时停电检查。

案例十　220kV 套管气室密封失效导致 SF_6 气体泄漏

一、故障情况

某变电站 220kV GIS 1 号主变压器高压侧套管气室 SF_6 气体压力低报警（额定压力为 0.5MPa，报警时压力为 0.44MPa）。

二、故障诊断

检修人员对泄漏气室重新充气至额定压力，使用高精度红外检漏仪发现泄漏点为变压器油气套管上法兰气体密封性试验口处，泄漏点见图 3-47。设备运行单位和设备厂家对该油气套管进行解体检查，主要检查套管位置密封及绝缘老化情况，并进行介损及电容量试验，试验结果正常。

变压器油气套管上法兰如图 3-48 所示。由图 3-48 可见，环氧树脂表面有大量的变压器油，为油气套管油端渗漏至金属法兰内所致。原有氟橡胶圈被挤压，略有变形。该类密封胶圈分为氟橡胶圈和氟硅橡胶圈两种材质，见图 3-49。氟橡胶圈耐油最低温度为－25℃、耐气最低温度为－25℃，氟硅橡胶圈耐油最低温度为－40℃、耐气最低温度为－40℃。

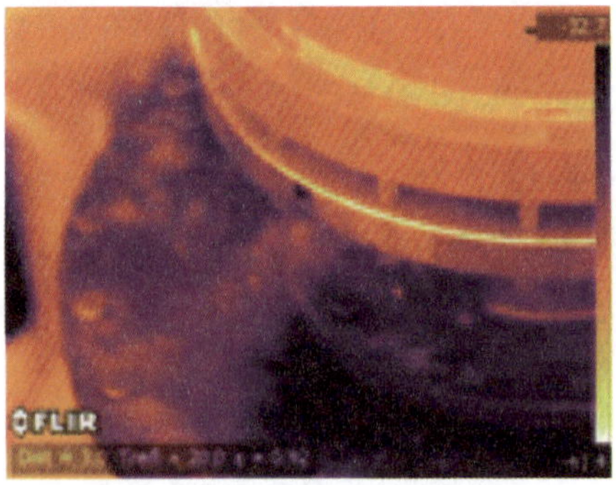

图 3-47　泄漏点的红外热像照片

图 3-48　变压器油气套管上法兰

图 3-49　变压器油气套管法兰密封圈（左：氟橡胶圈，右：氟硅橡胶圈）

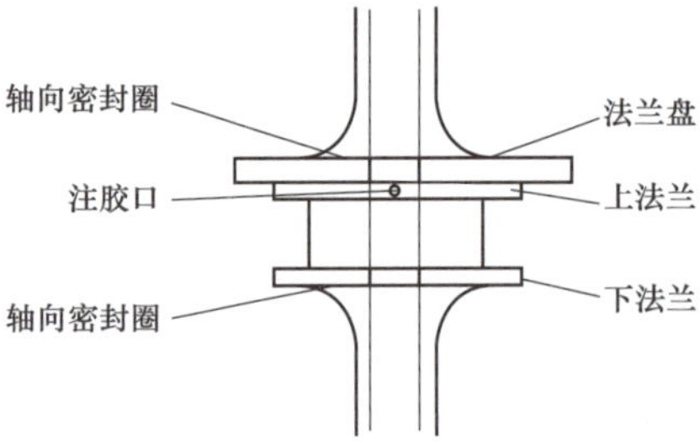

图 3-50　油气套管结构图

油气套管结构如图 3-50 所示，套管头与法兰之间内嵌有轴向（纵向）密封圈，上半部为气室，轴向密封圈两道；下半部为油室，轴向密封圈一道。泄漏原因为油气套管上下金属法兰之间的轴向密封圈低温下密封不良，该密封圈标称抗低温能力为－25℃，不符合订货技术协议中－40℃的要求，在超低温时密封性能失效，导致 SF_6 气体渗漏。

三、预防措施

设备运维单位应加强对制造厂履行订货技术条件的监督和验收力度，尤其低温条件下的特殊条款要严格明确和认真落实。

第四节　套管故障诊断攻略

一、套管试验诊断经验

在套管试验中，电容量和介质损耗往往同历史数据存在差距，这些差距主要由非故障因素比如大气条件、试验条件等以及故障因素比如受潮、老化和局部放电等来决定，本小节将就此问题进行简单的阐述。

1. 大气条件的影响

（1）温度。

温度对 tanδ 测量影响较大。绝大多数情况下，对同一试品而言，tanδ 随温度的升高而增高。tanδ 随温度的变化关系与试品绝缘结构关系较大，对于变压器套管来说，有相当数量的文献曾给出 tanδ 的温度换算系数，根据该系数，将不在同一温度下测量得到的 tanδ 值换算到统一温度，方能进行比较。值得一提的是，这个温度是指套管本身的温度，对于大容量套管来说，温度可由相关换算公式来计算，此温度同变压器本体温度以及环境温度均有差异，而对断路器套管、穿墙套管等体积较小的套管来说，温度一般取试验时的环境温度。

图 3-51 所示为油纸型套管 tanδ 与温度的关系曲线，由图中可知，对电容型套管来说，其 tanδ 随温度的升高而升高，同时，受潮和干燥的套管 tanδ 之差也随着温度的升高而减小，湿度则是影响 tanδ 值的另一个大气条件。

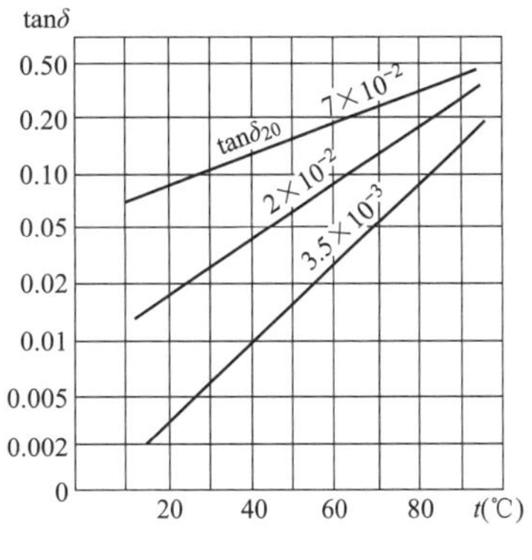

图 3-51　油纸套管 tanδ 与温度的关系曲线

（2）湿度。

当空气相对湿度较大时，瓷表面泄漏电流增大，影响 tanδ 测试结果，使得结果丧失作为套管绝缘状况判断依据的可靠性，若仍按照测试结果来进行判断，容易发生误判。图 3-52 所示为 QS1 电桥正接线测套管 tanδ 时湿度对 tanδ 影响的等值电路和向量图。

图中，R_1、R_2、R_3 是表面瓷套的等值分布电阻，C'_1、C'_2、C'_3为其相应的分布电容，C_{11}、C_{22}为套管电容层与瓷套表面的等效电容，C_a、C_b、C_c 为套管的电容层电容，R_3 为 QS1 电桥可变电阻。I_N 为 QS1 电桥标准电容器臂流经电流。

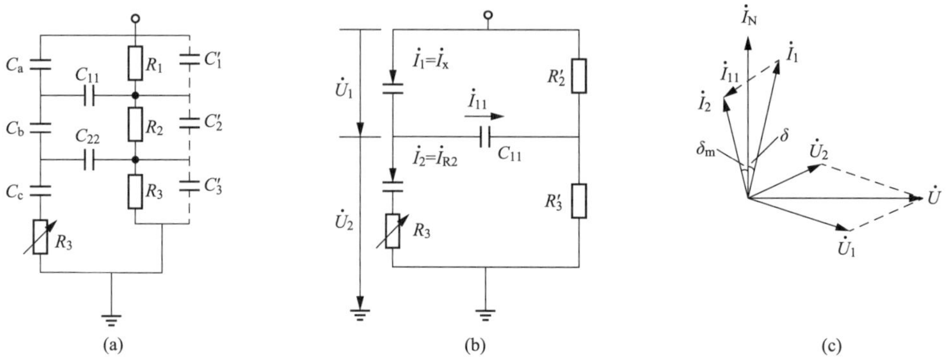

图 3-52　正接线时湿度对套管 tanδ 的影响

（a）等值电路图；（b）简化电路图；（c）相量图

从图 3-52 中可以看出，当空气相对湿度较大时，由于瓷套表面泄露电导较大而产生了分流作用，如图 3-52（b）、（c）所示。由于分流电流的影响，使得正接线情况下对套管 tanδ 的测试出现了偏小的误差，严重时甚至会产生“$-\tan\delta$”的测量值。因此，当采用正接线法对套管进行 tanδ 测试时，湿度较大的情况下测得的值可能将一些 tanδ 不合格的套管误认为合格而投入运行。

反接线情况下，对套管的 tanδ 测试结果随着湿度的增加可能会偏大，将合格的套管判断为不合格，造成不必要的检修工作。

2. 试验条件的影响

（1）电压。

图 3-53 为一组典型的油纸绝缘电容型套管 tanδ 随电压变化而改变的曲线。曲线 a 表示绝缘良好的套管，其起始游离电压高于工作电压，即在工作电压下套管内部无局部放电。曲线 b 表示绝缘中有气泡，其游离电压低于工作电压，介质内部的局部放电造成 tanδ 增加。曲线 c 表示绝缘中有较多气泡，在电压升高时气隙全部游离放电，tanδ 有一个最大值。当电压升高到一定程度时，局部放电严重到致使气泡全部短路，局部损耗下降，tanδ 也随之下降。曲线 d、e 表示运行中绝缘严重劣化的套管，如有较大气隙或套管在绝缘层中形成了半导体等。曲线 f 表示绝缘严重受潮，tanδ 特别高。

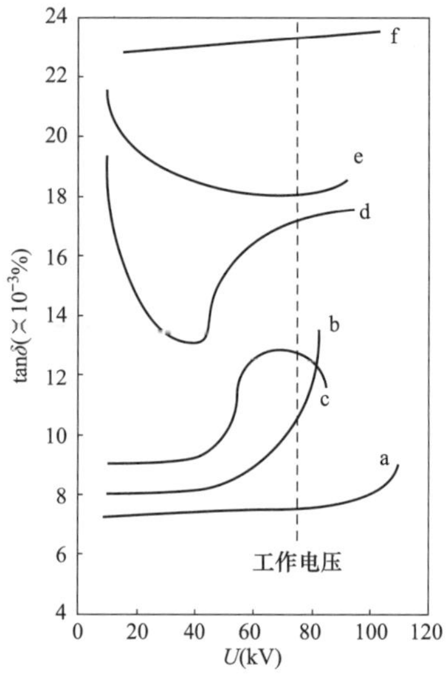

图 3-53　电容型套管 tanδ 和电压的关系

a—绝缘良好的套管；

b、c、d、e、f—绝缘有缺陷的套管

电压频率对被试品 tanδ 的数值也存在影响，tanδ 随电压频率的变化规律如图 3-54 所示。

由图 3-54 可得，在频率最开始上升的阶段，tanδ 随着频率的升高而增大。这是因为频率的增加加强了戒指内部极化分子的翻转，极化损耗随之增加，$\tan\delta$ 上升。而当频率超过特定频率 f_0 后，频率已经快到极化分子来不及翻转的地步，此时极化分子间的摩擦又开始逐步减少，因摩擦而产生的损耗亦是减少，$\tan\delta$ 也就随之下降了。

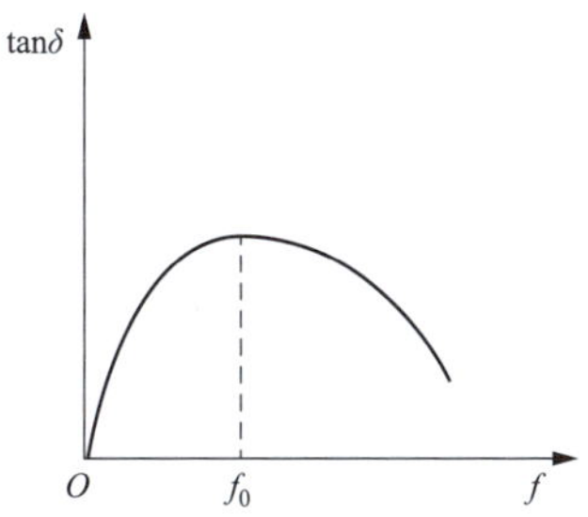

图 3-54　$\tan\delta$ 与频率的关系

（2）接线方式。

现场变压器电容套管已牢固安装于设备箱体，套管内部导电杆下部与变压器绕组相连接，预防性试验时，无法将套管与内部绕组连接拆开，因此测量时需要采取特殊接线。

现场测量接线时，应将变压器绕组连同中性点全部短接后连接 QS1 电桥高压引线，QS1 电桥 Cx 线接被测套管的测量小套管，分别对各相的 $\tan\delta$ 和电容量进行测试。表 3-11 所示为试验温度不变的情况下，同一台变压器绕组不同接线时，套管 $\tan\delta$ 数值的测试结果。

由表中数据可得，测量时若变压器绕组接线不正确，则所测电容量误差不大，而套管 $\tan\delta$ 数值的变化会很大，误差的大小对不同的变压器是不同的，主要由容量、结构来决定。

表 3-11　　绕组不同接线时套管 $\tan\delta$ 的测试结果

变压器型号或容量和电压	相别	全部绕组开路		全部绕组短路	
		$\tan\delta$(%)	C_x(pF)	$\tan\delta$(%)	C_x(pF)
240MVA 330kV	A	2.1	310	0.5	308
	B	2.3	304	0.5	304
	C	1.4	301.7	0.4	301
150MVA 220kV	A	1.7	304.5	0.3	304
	B	1.8	295.4	0.4	295
	C	1.3	287.4	0.2	287
SFSL-31500/110	A	1.1	352.8	0.4	352.8
	B	1.2	343.6	0.4	343.6
	C	0.7	332	0.4	332
SFSL-10000/110	A	0.8	340	0.3	341
	B	1.0	336	0.3	336
	C	0.6	341	0.3	341

因此，在现场对变压器套管进行 $\tan\delta$ 测试时，应将绕组短接。

而表 3-12 所示为正接线和反接线的情况下套管 $\tan\delta$ 的测试结果。试验研究证明，对于绝缘良好的套管，采用正、反接线的 $\tan\delta$ 测试值相差不大，而对于内部受潮的套管，则两种接线方式下 $\tan\delta$ 测量值差异明显，原因在湿度对 $\tan\delta$ 测试结果的影响中已作阐述。表 3-12 中 03 号套管测量时人为在套管下部洒水，正接线对此反应不灵敏。

表 3-12　　正接线和反接线时套管 tanδ 测量结果

套管型号	正接线		反接线		套管编号
	tanδ（%）	C_x（pF）	tanδ（%）	C_x（pF）	
DR-35	0.6	245.3	0.8	278.0	01
	0.7	239.3	0.8	258.6	02
	0.8	104.6	1.0	127.8	91594
	0.8	124.2	1.2	148.3	91595
	0.8	113.0	3.9	135.6	03

在正接线和反接线的选择上由于相关规程未作规定，可根据现场实际情况自行规定。

（3）测量小套管。

套管上一般设有专门供测量 tanδ 用的测量小套管，而测量小套管自身的绝缘状况也将影响套管 tanδ 的测量值。小套管表面脏污或内部受潮的情况下，可能造成绝缘电阻偏低，引发分流作用，最终导致测试出的 tanδ 数值偏小。为了解决这一情况，现场在对套管进行 tanδ 测试时，建议先对测量小套管进行绝缘电阻试验，绝缘电阻低于 1000MΩ 的情况下不应进行 tanδ 测试，并且应排查原因。

此外，当小套管引线不慎接地或开断时，QS1 电桥均无法正常使用或异常，测试出的套管 tanδ 值容易超过标准规定，误诊断的概率较高，因此采用测量小套管接线时应确保接线可靠连接，并未碰触地线。

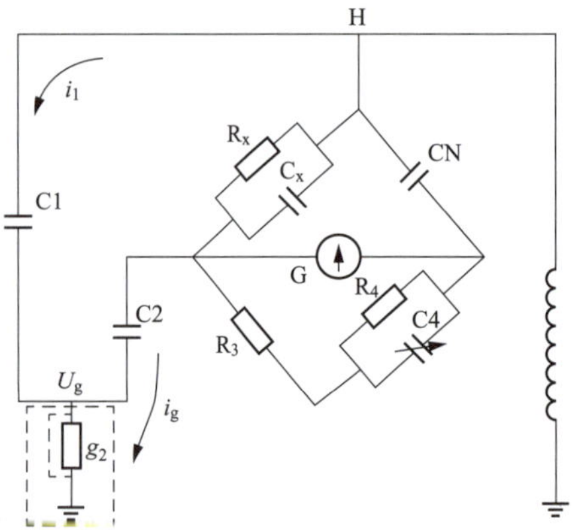

图 3-55　在套管支架上测量套管 tanδ 原理图

（4）套管支架未接地。

套管支架未接地即进行介质损耗因数测试原理如图 3-55 所示。当套管支架未可靠接地时，支架对滴等效电导 g_2 不等于 0。同理，C1 表示高压端对支架的耦合电容，C2 表示信号输入，C_x 极对支架的耦合电容。施压电压为正半周期上升时，i_1 对 C1-C2 支路充电，当充电电压达到峰值后，等效电容 C2 对 R3、g_2 同时放电。由于 g_2 的存在，抬升 U_g 的电位较高，当电压过渡到负半周期放电时，其对电桥 R3 支路的放电电流 i_2 会对套管介损测量的影响非常大，其原理如前所述，甚至出现负损耗－tanδ。

将钢铁支架可靠接地后，即支架对地等效电导被短接接地，如图 3-54 中虚框内。由于 U_g 的电位为零，则充电电流 i_1 只对 C1 充电。此时 U_g 的电位为零，虽等效电容 C2 可由 i_g 充电，但由于测量 C_x 电极端的电压非常低，对 C2 的充电时电流影响较小，C2 储存的电容电量较小。对电桥 R3 支路放电电流 i_2 也非常小，不足以影响测量回路的电流大小及方向．其影响结果则可以忽略不计。所以，当套管支架可靠接地时，可以避免由支架对地之间的电阻带来对套管介损测量的影响。

（5）现场干扰。

套管电容量数值一般为几百 pF，试验过程中，若套管附近有绝缘梯、引线或者试验人员时，试验结果都会受到影响，介损和电容量的数值分散性较大。因此，在对套管进行 $\tan\delta$ 时尽可能保证被测套管附近无绝缘梯等物件，同时接线时注意引线不要下垂，保证试验人员远离被试套管，提高测试精度。

3. 故障因素的影响

对设备进行 $\tan\delta$ 测试能够有效发现设备整体受潮、老化等绝缘缺陷，而当设备内部存在局部缺陷时，对整体 $\tan\delta$ 测量结果将会产生影响，这种影响由绝缘缺陷本身的特性以及其占整体设备的体积比例共同决定。

假设在被试套管中存在局部放电的绝缘缺陷，这一部分的体积为 V_1，其相应的电容量为 C_1，介质损耗因数为 $\tan\delta_1$；而套管内部其余部分的体积为 V_2，相应的电容量为 C_2，介质损耗因数为 $\tan\delta_2$；该被试套管总体积为 V，相应的电容量为 C_x，介质损耗因数为 $\tan\delta_x$。

套管内部局部缺陷和绝缘良好的部分可以用并联等值电路表示，则

$$V = V_1 + V_2, C_x = C_1 + C_2$$

$$\tan\delta = (C_1\tan\delta_1 + C_2\tan\delta_2)/(C_1 + C_2)$$

对工程应用中的绝缘介质而言，可以近似认为，在并联等值电路中，绝缘各部分的电容量正比于各部分的体积，因此可得

$$\tan\delta = (V_1\tan\delta_1 + V_2\tan\delta_2)/(V_1 + V_2)$$

由于是套管内部的局部缺陷，一般认为 $V_1 \ll V_2 \approx V$，因此对上式进行进一步简化可得

$$\tan\delta = (V_1/V)\tan\delta_1 + \tan\delta_2$$

由上式可知，$\tan\delta_1$ 和 $\tan\delta$ 的关系决定于局部缺陷部分的体积在被试套管整体体积中所占的比例。当局部放电的体积很小时，测量整体 $\tan\delta$ 对反映局部缺陷不灵敏，一般仅有微小的增加。

而被试套管的整体 $\tan\delta$ 数值和局部缺陷部分的 $\tan\delta_1$ 数值的关系如图 3-56 所示。

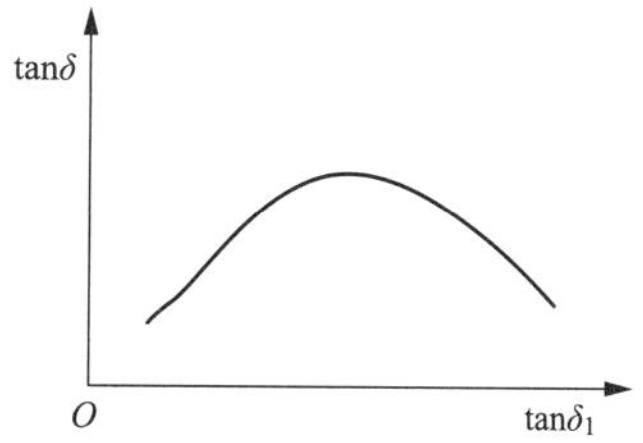

图 3-56　整体的 $\tan\delta$ 和局部放电部分 $\tan\delta_1$ 的关系曲线

通过图 3-56 的曲线可知，在局部放电发展初期，整体 $\tan\delta$ 的测试数值随着缺陷部分介损因数的增加而增加，增加的幅度与 V_1/V 的大小有关。而当局部放电发展到一定程度之后，整体的 $\tan\delta$ 在测试结果上反而会出现下降的趋势。原因主要在于缺陷部分已经近似导体，所产生的损耗也已经下降了。

因此，对套管进行 $\tan\delta$ 对一些发展初期的局部缺陷比较灵敏，对已经发展得很严重的局部缺陷的反映就不灵敏了。

二、套管试验诊断新技术

1. 基于频域介电谱法的变压器油纸绝缘套管受潮故障诊断

介电响应（Dielectric Response）法其理论基础是设备绝缘状态发生改变后会引起极化和电导等介电特性的变化。频域介电谱法（Frequency Domain Spectrum，FDS）是其中方法之一，它利用介质的复电容、复介电常数及介质损耗因数等在低压正弦交变电场下随频率的变化来评估绝缘材料的绝缘状态。基于介电响应原理的频域介电谱法，具有受噪声干扰程度小，所需试验电源电压低且携带信息丰富以及无损测量等优点，更适合于现场测量，而被逐渐引入到变压器、套管等油纸绝缘设备的老化和受潮状态评估中。目前国内外将 FDS 测试应用于油纸绝缘领域的研究，一般是研究水分和温度对绝缘油和绝缘纸频域介电谱的影响规律。FDS 测量就是将常规的工频介损和电容测量扩展到低频和高频频段（如 0.1mHz 到 1kHz），可反映出更宽频域范围内的极化和损耗情况。油纸绝缘套管受潮时含水量的增加导致绝缘纸电导率增加，电导损耗增大，同时水分等杂质的引入使得单位体积内参与极化分子数目增加，导致极化损耗增大，同时增大了局部载流子的迁移率，加快油纸间界面极化的响应时间，因此曲线向高频方向移动。

2. 红外测温在变压器高压套管故障诊断中的应用

红外测温技术作为带电检测的一种重要手段，由于具有非接触式测量、不受电磁干扰、测量精度高等优点. 对能够通过温度反映出来的缺陷具有较高的检测能力。目前广泛应用于现场检测中，成为开展状态检测的重要手段。

基于红外检测原理，通过开展红外测温技术发现一起变压器高压套管温度分层故障。通过分析判断故障类型为内部渗油缺陷。经现场解体后发现套管底部的尾椎铝制法兰处存在裂纹并有油渗出，从而验证了红外测温的有效性和准确性。

红外测温基本原理：由辐射理论可知，一切温度高于绝对零度的物体，都会向外辐射红外线，也同时发射辐射能量。物体温度越高，发射的能量也越大。根据斯蒂芬玻尔兹曼定律，辐射能量可以表示为：

$$W = \varepsilon\delta A T^4$$

式中：W 为发热体发生功率；ε 为发射体的黑度（也称发射率）；δ 为玻尔兹曼常数；A 为发射体表面积，cm^2；T 为发射体的绝对温度，K。

由上式可知，只要知道发射体表面的发射率 ε，再检测出红外辐射能量，就可推断出发射体的温度。

三、SF_6 分解物检测在高压直流套管故障诊断中的应用

通过检测气体绝缘设备中 SF_6 气体分解物对设备内部绝缘进行故障诊断和状态评估。相比超高频、超声波局放检测等带电检测手段，具有抗干扰能力强、灵敏度高、易于对故障定性及检测结果受设备结构影响小等优势，被广泛用于设备现场检测分析，是

电气试验的有效补充。

国内外大量研究结果表明，纯净的 SF_6 气体化学性质极其稳定，在设备正常运行时，分解物极少，分解产生的低氟化合物（主要是 SF_4，化学性质不稳定）能迅速复合，复合率可达 99.8%以上。当设备内部出现绝缘故障时，SF_6 气体会产生分解物，且其组分、生成量及其速率与放电类型、放电能量、气体含水及含氧量、所用固体绝缘介质以及电极材料等因素有关，可分解（主要是高能电子碰撞分解）生成近百种化合物，包括 SOF_2、SOF_4、S_2F_{10}、SO_2F_2、CF_4、SO_2、SiF_4、HF、CO、CO_2、CH_4、SF_4 等。

四、基于热稳定性测试的套管介质损耗异常诊断

油纸电容式套管的热稳定性能是指套管 $\tan\delta$ 随变压器油温的变化规律。通常套管的热稳定性能由其绝缘介质决定，油纸电容式套管的绝缘介质由弱极性介质绝缘油和极性介质绝缘纸组成，因此其热稳定性能主要由绝缘油及绝缘纸的损耗特性决定。

绝缘油为中性液体介质，其损耗主要是由电导损耗引起的，同绝对温度存在指数规律，并且随着温度的上升该指数规律增大，但一般绝缘油的 $\tan\delta$ 较小。

套管绝缘纸属于极性电解质，除电导损耗外，还有极化损耗，因此 $\tan\delta$ 相对较大，绝缘纸介损随温度变化如图 3-57 所示。

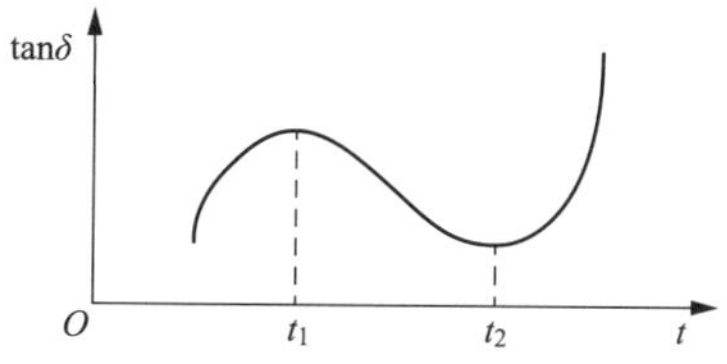

图 3-57 绝缘纸介损随温度变化曲线

t_1、t_2—绝缘纸 $\tan\delta$ 随温度变化的拐点温度，℃

在温度低时，绝缘纸极化损耗和电导损耗都较小，而随着温度的升高，介质偶极子转向极化增强，电导损耗在增大，所以介损随之上升，在 $t=t_1$ 时刻达到峰值；在 $t_1<t<t_2$ 范围内，由于分子热运动增强，极化强度随温度的上升而减弱，由于极化损耗的减小超过了电导损耗的增加，所以介损曲线随之时间的增长而下降，并在 $t=t_2$ 时刻达到谷值；在 t_2 时刻后，电导损耗随时间的增加而急剧上升，计划损耗已不占主要成分，因而介损值将随时间不断增大。

综合油纸介损随温度变化的特性可以发现，对于品质良好的油纸绝缘套管而言，在 $0<t<t_1$ 范围内，由于绝缘纸、绝缘油损耗均随温度增加而增加，因此套管 $\tan\delta$ 随温度的上升而增加；在 $t_1<t<t_2$ 范围内，套管 $\tan\delta$ 随温度的上升而减小或变化较小；当 $t>t_2$ 以后，套管 $\tan\delta$ 将随温度的上升而持续增加。通常，在 20～70℃范围内油纸套管 $\tan\delta$ 随温度升高而减小或者没有明显变化，因此，若在该温度范围内，$\tan\delta$ 随温度升高而明显增大，则认为该套管存在绝缘缺陷。

根据现场实际应用所得结论，依据套管 $\tan\delta$ 随温度变化的规律，结合油纸电容式套管热稳定性能理论，能够有效对套管受潮缺陷进行诊断。受潮套管 $\tan\delta$ 随温度变化明显，通常与温度呈指数增长关系。

第四章 散热装置

第一节 散热装置概述

变压器的散热装置是将变压器在运行中由损耗产生的热量散发出去以保证变压器安全运行的装置。在电力系统实践中，一般自然油循环冷却的散热装置称为散热器，而通过风扇、潜油泵、水冷却管道等强制冷却的散热装置称为冷却器。

小容量变压器铁芯和线圈的损耗所发出的热量，在使油受热上升，热油沿油箱壁以及散热管片向下流动的过程中，把热量传给油箱壁和散热管片，再由它们向周围冷却介质散发热量，保证了变压器在额定温升下正常运行。

变压器容量增大时必须采用冷却装置，以保证散发足够的热量。冷却装置一般可拆卸的，主要分为自然冷却、吹风冷却、强油风冷冷却、强油水冷冷却等，使用范围和冷却效果见表 4-1。

表 4-1　　冷却方式的代号标志及使用范围

冷却方式	代号标志	适用范围
干式自冷式	AN	一般用于小容量干式变压器。由于空气比油的冷却作用差，因此适用于容量偏小，电流密度偏低时
干式风冷式	AF	线圈下部没有风道并用冷却风扇吹风，提高散热效果，用于 500kV 以上变压器时是经济的
油浸自冷式	ONAN	油浸式变压器容量在小于或等于 6300kVA 时采用。线圈和铁芯中热油上升，油箱壁上或散热器中冷油下降而形成循环冷却
油浸风冷式	ONAF	油浸式变压器容量在 8000～31500kVA 时采用。用吹风加强散热能力
强油风冷式	OFAF	220kV 及以上油浸式变压器采用。用潜油泵使油从器身下部进入线圈间，热油由上部进入冷却器吹风装置
强油水冷式	OFWF	同 OFAF 相比，仅是冷却介质改变为水，值得注意到是，强油水冷却器常另外放置
强油导向风冷和水冷式	ODAF 和 ODWF	同单一的强油风冷或强油水冷的区别在于，将冷油直接导向线圈的线段内，线段的热量可很快带走，使线圈最热点温度快速下降，提高线圈温升值，但会使变压器结构复杂化

一、强迫油循环风冷却器的原理结构

强迫油循环风冷却器是对油浸变压器运行中所产生的热量进行冷却的装置，与风冷

散热器的区别主要在于强迫油进行循环。其构成主要有风冷却器本体、油泵、风扇、油流继电器等，如图 4-1 所示。

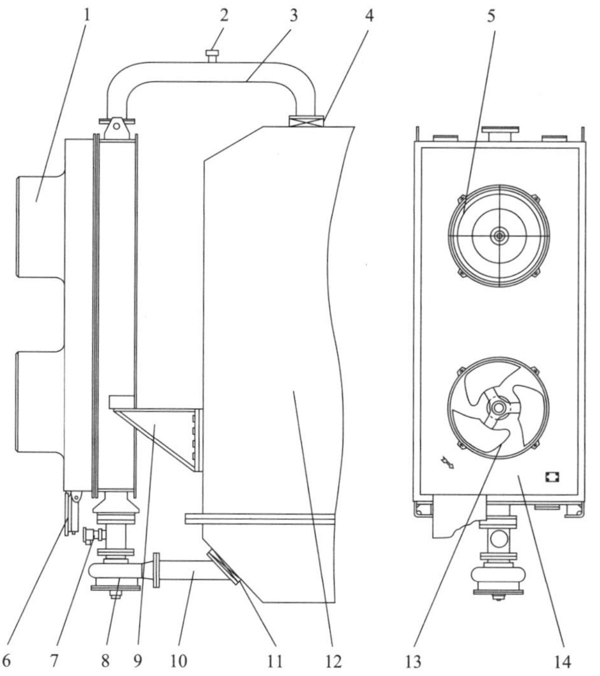

图 4-1　风冷却器的结构

1—风筒；2—放气塞；3、10—联管；4、11—蝶阀；5—护罩；6—控制箱；7—油流指示器；8—油泵；9—支架；12—油箱；13—风扇；14—冷却器主体

风冷却器的本体由一簇冷却管构成。冷却管一般采用翅片管，其结构是在钢管上卷绕薄钢带然后搪锌焊接而成为整体，或由钢管串上带孔的散热片形成管束，再搪锌焊接；或采用铜、铝管轧制成的整体翅片等。

油泵是一种特制的油内电动机型离心泵。电动机的定子和转子浸在油中使油系统构成密闭的循环系统。油泵通过法兰连接到冷却管的管路中。

风扇则由轴流式单机叶轮与三相异步电动机两部分构成，型式为 BF 型。

油流继电器（YJ 型）是监视强油风冷却器或水冷却器中油泵是否反转、阀门是否打开和油流是否正常的保护装置，安装在冷却器和油泵之间的联管上，其挡板伸入到联管中。当联管中油流达到一定值时挡板被冲动，传动轴旋转。其上磁铁带动隔着薄板的另一磁铁转动，微动开关的动断触点打开，动合触点闭合，发出正常工作信号，指针指到流动位置。反之，当油流量减少到一定值时，挡板借弹簧力量作用返回，微动开关动合触点打开，动断触点闭合，发出故障信号，如图 4-2 所示。

强迫油循环水冷却器是油浸式变压器，强迫油循环、水冷却的装置。它是以水作为冷却介质，用于大型变压器且具有水源的情况下。水冷却器可以是单台的，也可以由几个单台组成水冷却器组。每台水冷却器由冷却器本体和附件构成。

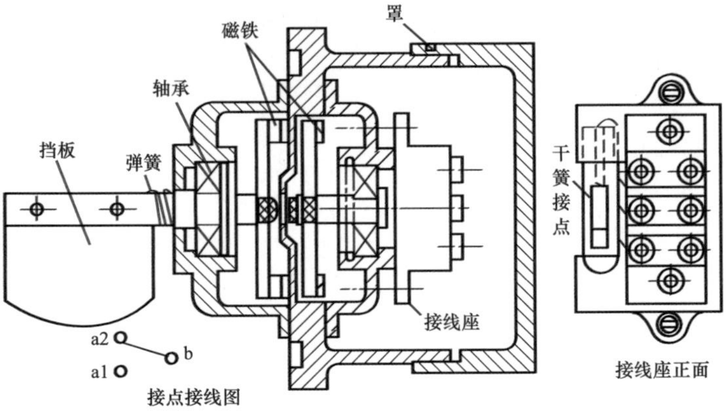

图 4-2　YJ 型油流继电器的结构

水冷却器的本体结构如图 4-3 所示，由一个油室（钢圆筒），两个水室以及水管簇组成。热油流入油室，在管簇的空间从上往下流，且在隔板作用下呈 S 形流动。水流从下水室的一部分进入，沿着其连接的多水管区上升到上水室，再从少水管区下流入下水室流出，呈 n 形流动。这样，形成油水热量交换的冷却系统，使变压器油充分冷却。

水冷却器的附件有油泵、油流继电器和压差继电器，前几种与风冷却器附件基本一致。而压差继电器则是水冷却器的重要保护装置。其高压侧接于油出口处，低压侧接到水进口处，正常运行时，为了避免发生泄漏时水进入到油中，要求油压大于水压 58.8kPa，当小于这一压力差时，油压继电器则发出报警信号。

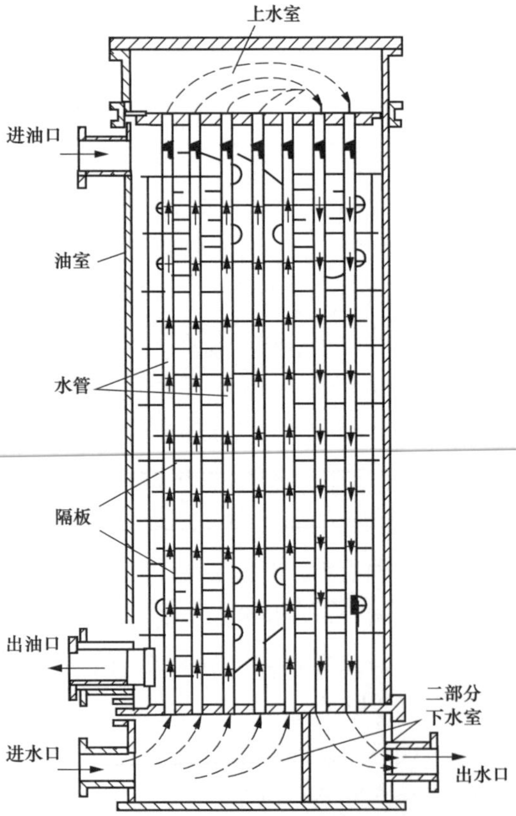

图 4-3　水冷却器的本体结构

二、片式散热器的结构原理

片式散热器由上、下两个集油管与一组焊在集油管上的散热片组成，散热片一般由 1.2～1.5mm 厚的低碳钢板制成，如图 4-4 所示。它比圆管散热器省料、重量轻，可节省 2/3 的变压器油，但机械强度较差，焊接工艺要求高，安装维护时应防止碰坏。

片宽为 320～535mm，中心距 H 有多种规格，以适应不同高度的油箱高度。每个散热片都是一样的，由两个单片合成。每组散热器根据散热容量，由不同

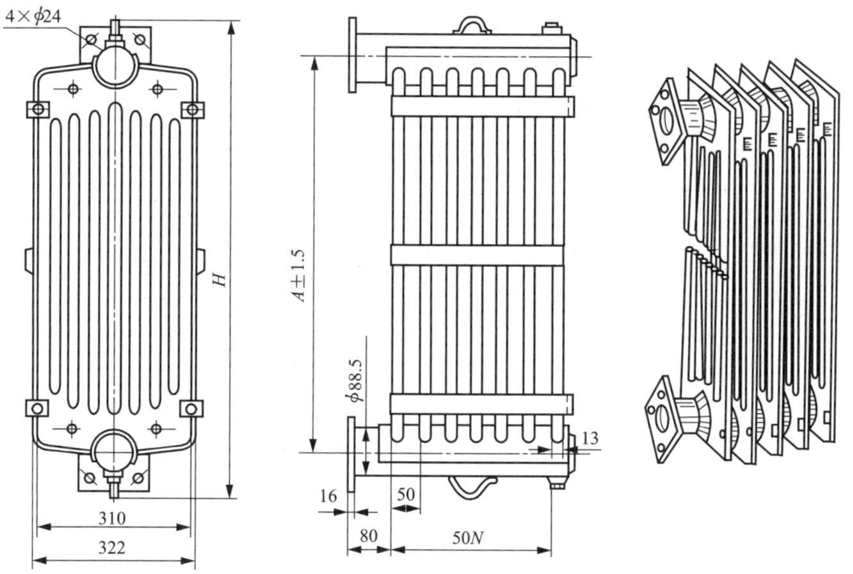

图 4-4　片式散热器

规格和数量的散热片组成。可以分为固定式（PG）和可拆式（PC）两种，固定式片式散热器直接焊在变压器箱壁上，可拆式则用集油管上的法兰与油箱上焊接的管接头连在一起。可拆式的散热器片组的上集油管上部有排气用的油塞，下集油管下部有放油塞。并且均焊有吊环利于散热器与油箱的连接装配。对于中心距较大的散热片组，沿片组的两侧，往往点焊一到两处固定板以增加片组的钢性，以减少振动，降低噪声。大型变压器采用片式散热器时，常需加吹风，风扇装置可装在片组的侧面或下方。

三、管式散热器的结构原理

管式散热器与管式油箱采用同样的扁管，弯管的曲率半径也相同，只是不直接焊在油箱壁上，而是焊到上、下两个集油盒上，集油盒每侧焊有两排扁管，每只散热器有四排管，上、下集油盒的一端有连接法兰，经蝶阀与油箱的上、下管接头连接。根据上、下集油盒连接法兰的中心距尺寸和管数，组成若干种标准散热器供不同规格的变压器选用。散热器的上集油盒上有吊拌及放气塞，下集油盒下部有放油塞。管式散热器需加装冷风时，风扇安装在左、右双排管中间的空当内，风向上直吹上部集油盒及弯管的水平部分，这样散热效果最好。风扇支架直接固定于油箱壁，不可固定在散热管上，以防风扇转动引起散热器的振动。

四、散热装置的试验简介

1. 出厂试验、型式试验

风冷却器的相关试验要求详见 JB/T 8315—1996《变压器用强迫油循环风冷却

器》；水冷却器的相关试验要求详见 JB/T 8316—1996《变压器用强迫油循环水冷却器》；冷却器附件风扇的相关试验要求详见 JB/T 9642—1999《变压器用风扇》，油泵的相关试验要求详见 JB/T 10112—1999《变压器用油泵》，油流继电器的相关试验要求详见 JB/T 8317—1996；片散的相关试验要求详见 JB/T 5347—1999《变压器用片式散热器》。

2. 交接试验

（1）潜油泵电动机、风扇电机及二次回路绝缘电阻不低于 1MΩ；

（2）潜油泵转动试验，开启潜油泵后，运转平稳，无异常声音，电动机三相电流基本平衡；

（3）风扇转动试验，风扇转动后，转动方向正确，运转平稳，无异常声音，电动机三相电流平衡；

（4）潜油泵、风扇及二次回路的传动试验；

（5）整体密封检查。

3. 例行试验

（1）红外热像检测，红外热像图显示应无异常；

（2）运行中，流向、温升和声响正常，无渗漏。强油水冷装置的检查和试验，按设备技术文件要求进行。

第二节　散热装置常见故障及处理

一、散热装置常见故障

（1）冷却器的风扇、潜油泵、油流继电器故障。

（2）风冷控制箱故障造成冷却器停运。

（3）风冷却器散热器风道间有堵塞。

二、散热装置故障常用处理方法

1. 主变压器不停电更换故障潜油泵

（1）在更换潜油泵前，关闭潜油泵进出口阀门，拧开潜油泵放油孔，将潜油泵及管道内的剩油放入油桶中。如果潜油泵进出口阀门关不严，则不能不停电更换油泵，只能在变压器停电检修时采取抽真空更换油泵。

（2）更换潜油泵时应使用专用工具拆除潜油泵接线、潜油泵进出口法兰螺栓，将潜油泵拆下。

（3）更换新油泵，调换潜油泵密封件，潜油泵进出口法兰螺栓要从对角线的位置依次紧固。

（4）更换好潜油泵后，复装潜油泵接线，保证潜油泵接线盒和电缆接口密封应良好。

（5）打开潜油泵进出口阀门对潜油泵和管道放气注满油，应先打开潜油泵放气阀，再略微打开潜油泵出油阀，使变压器油缓慢注入潜油泵和管道内，待放气阀出油后，关闭放气阀，随后打开潜油泵的出油阀和进油阀，注意阀门打开后应检查蝶阀杆固定锁牢，以防止在运行中阀门自动关闭，造成油回路故障。

（6）检查潜油泵本体、放油孔、各平面接口及潜油泵进出口法兰应无渗漏油。

2. 主变压器不停电更换故障风扇

（1）在更换风扇前，应检查确认风扇电源应拉开，拉开风扇控制回路小开关和熔丝。

（2）拆开风扇防护罩，拆卸风叶，拆去风扇电动机接线和电动机固定螺栓，用专用滑轮和绳子将电动机扎牢并吊下，再将新电动机调换上。

（3）调整电动机的同心度，左、右间隙不对时可直接移动电动机，高低不对时可调整底脚垫片。调整好电动机同心度后，紧固电动机底脚螺栓，并接好电动机接线，检查电动机引线各桩头螺栓应紧固，接线盒应密封好，可用密封胶进行密封。

（4）装上风扇叶子，螺栓应均匀紧固，并检查风叶与风筒间隙上下左右应相等，最后装上风扇护罩。

（5）合上冷却风扇电源，检查风扇转向应正确。

（6）测量风扇三相电压，偏差应在 380V（±5%）以内。

（7）测量风扇三相电流应基本平衡，三相电流差值不超过平均值 10%，三相电流值不超过电动机额定电流值。

3. 主变压器不停电更换故障油流继电器

（1）在更换前首先要将冷却系统切换开关放至停用并拉开电源空气开关、控制回路小开关和熔丝。

（2）关闭油流继电器两侧阀门，松开油流继电器的 4 个螺栓，将油流继电器内的剩油放入油桶中。如果流继电器两侧阀门关不死，则不能不停电更换，只能在变压器停电检修时采取抽真空更换油流继电器。

（3）将油流继电器接线拆下，并做好记录，更换油流继电器及密封件，油流继电器螺栓要从对角线位置依次紧固。

（4）按拆卸时的记号接好油流继电器接线，用万用表检测接线应正确，用绝缘电阻表检测绝缘应良好，一副动断接点和一副动合接点要按分控电气接线图接正确。

（5）先打开油流继电器的放气阀，再打开油泵进油阀使变压器油进入油流继电器及管道，待放气阀出油后立即关闭放气阀，然后打开油泵出油阀，检查所有关闭过的阀门应在打开位置，检查阀门应有止动装置且可靠。

（6）启动潜油泵，检查油流继电器指针应指在流动位置且无晃动、检查冷却器工作信号灯应亮、检查应无渗漏油、检查其他放至备用状态的部件应无启动。停用潜油泵时，油流继电器指针应指在停止位置。

4. 风冷控制箱常见故障的处理方法

（1）风冷控制箱常见故障为热继电器动作或空气开关跳闸，热继电器一般用作过载和缺相保护，空气开关一般用作短路保护。

（2）将自动投入运行的备用冷却器组改投到“运行”位置。

（3）如果是空气开关跳闸，应检查回路中有无短路故障点，可将故障冷却器组投“停用”位置，重新合上空开，若再次跳闸，则说明从空开到冷却器组控制箱之间的电缆有故障。若空气开关合上后未再次跳闸，则说明冷却器组控制箱及电动机之间的回路有问题。

（4）如果是热继电器动作，可在恢复热继电器位置时，弄清是潜油泵电动机还是风扇电动机过载。再次短时投入冷却器组，观察油泵和风扇的电动机，并作如下处理：

1）整组冷却器组不启动，应检查三相电压是否正常，是否缺相。

2）若潜油泵过载，应稍等片刻，再恢复热继电器位置。

3）若发现某个风扇声音异常，摩擦严重，可在控制箱内将故障风扇的电动机端子接线取下，恢复热继电器位置，然后试投入该冷却器组。

4）如果气温很高，可能引起热继电器动作，可打开控制箱门冷却片刻，再次投入。

5）若潜油泵声音异常，冷却器组不能继续运行，应更换潜油泵。

6）检查热继电器接点接触情况，如果热继电器损坏，应由检修人员及时更换。

5. 风冷却器散热器风道间有堵塞

风冷却器散热器风道间有堵塞时，用高压水枪清洗冷却器组管。

第三节　散热装置故障案例

案例一　500kV主变冷却器出油管道临时封板未拆除导致管道堵塞和蝶阀损坏

一、故障情况

某公司运行人员对某500kV变电站1号主变进行红外测温工作时发现1号主变C相1、2号片散的出油管蝶阀存在异常（见图4-5）。1、2号片散出油管蝶阀上部管道，测试油温为16.2℃，蝶阀的下部管道，测试油温超过37℃左右。通过对比发现1、2号片散出油管蝶阀上下温度不一致，而正常出油管蝶阀上下温度完全相同，怀疑蝶阀处于关闭状态。随后对蝶阀操作手柄进行检查，发现1、2号片散出油管蝶阀操作手柄确实指示为打开状态，此判断蝶阀存在传动故障，导致阀片未能正常打开。

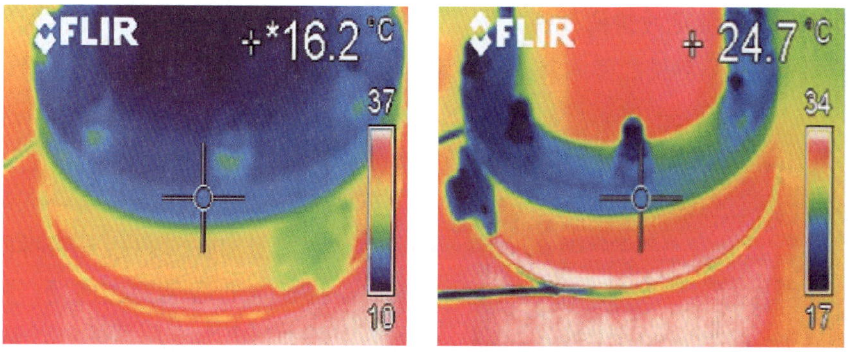

图 4-5　蝶阀红外测温图像

二、故障诊断

1 号主变压器转检修后，在拆除蝶阀上部管道后发现蝶阀未打开的原因为出油管道的临时封板在安装时未被拆除，造成管道端部堵塞，见图 4-6。

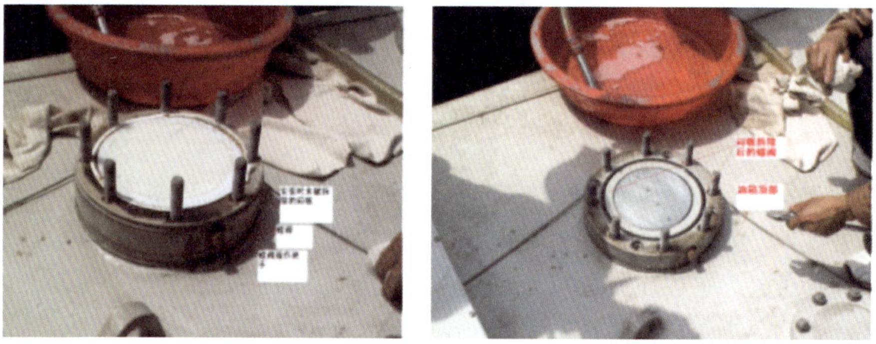

图 4-6　出油管道端部堵塞

进一步将蝶阀拆除后发现蝶阀上四个阀体铆钉销断裂，判断铆钉销在蝶阀强行打开的过程中被拧断落入油箱，见图 4-7。

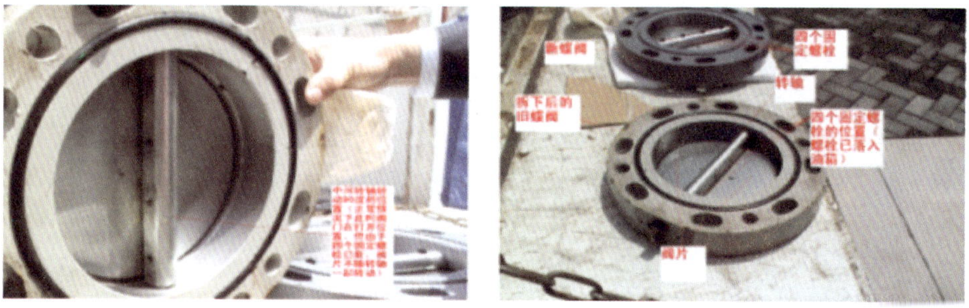

图 4-7　蝶阀阀体柳钉销断裂

检修人员打开本体上部的蝶阀孔，经检查在线圈上部的压板上找到了 3 只铆钉，打

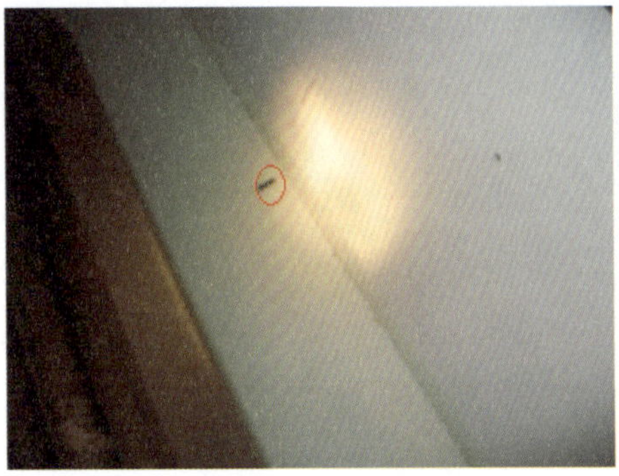

图 4-8　变压器本体内部断裂柳丁

开手孔、进入变压器本体内部找到另外 1 只铆钉，见图 4-8。

三、预防措施

安装单位应加强检修质量，在冷却器安装的过程中，增加临时封板是否拆除这一检查项目，从根本上避免此类问题；加强变电设备特别是大型电力变压器的红外测温工作，及时发现设备异常或缺陷，避免设备故障。

案例二　110kV 主变散热器蝶阀损坏导致油温异常偏高故障

一、故障描述

某 110kV 变电站 1 号主变压器在负荷 60%到 70%额定负荷时顶层油温已经达到 92℃，超过了正常油温，无法带满负荷运行。故障当天环境温度为 45℃，负荷比为 23.55%，当天 19 点 45 分最大负荷比为 69.34%。

二、故障诊断

现场排查发现，散热片 80 蝶阀操作手柄均处于开启状态，1、2 号散热片表面温度明显比 3、4、5 号散热片高。对主变散热片、主变散热片侧 80 蝶阀及 150 蝶阀导油管内、外两侧分别进行了红外测温。

现场红外测温报告显示片散共 5 组，编号是正对高压侧从右往左，分别为 1～5 号散热片，测温结果如图 4-9 所示。

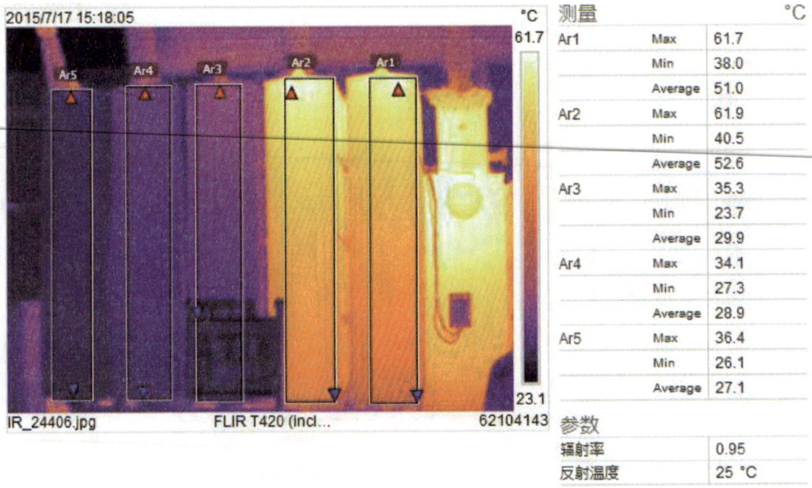

图 4-9　散热片测温结果

从图 4-5 可以看出，1、2 号片散的最高温度分别为 61.7℃和 61.9℃，3、4、5 号片散的温度分别为 35.3、34.1、36.4℃，与 1 号和 2 号片散温度相差近 25℃。我们由此可以判断 1、2 号片散内部油流通畅，而 3、4、5 号片散温度接近户外温度，内部油流不通畅。

除此之外，主变两只油温度计温差较大，图 4-10 显示高压 A 相温度表显示油温 63.5℃，图 4-11 位于高压 C 相侧温度表显示油温 81.5℃，两只表显示温度差值 18℃，存在故障。图 4-11 显示高压 C 相侧温度计最高油温指示在实际油温指示下方，怀疑此油位计指针存在机械卡涩，导致油温显示失真。

图 4-10　A 相测温表

图 4-11　C 相测温表

在停电进一步检查中，发现 3、4 号散热片上部 80 蝶阀、5＃散热片下部 80 蝶阀实际操作手柄指示位置为打开（如图 4-12），然而内部阀门并未开启（如图 4-13），现场判定阀门开关损坏。这就导致主变本体油无法通过 3、4、5 号散热片进行油循环，起不到散热效果，检查情况与红外测温结果相吻合。同时其他散热片 80 蝶阀（包括主变本体上部两只 150 蝶阀）由于使用时间较长，也存在不同情况机械卡涩，因此现场对存在问题的蝶阀进行了更换处理。

对检修后变压器进行试验，试验结果合格，并于当天 16 点 37 分投入运行。2015 年 7 月 27 日 16 点变电运维室对主变进行现场巡检及红外测温，主变温度计显示 72℃，现场红外测温本体温度为 71℃，恢复正常。

由以上检查结果分析，首先主变油化验结果为合格，说明主变本体内部并不存在短路，或者是局部发热现象。其次通过红外测温手段对散热片相关蝶阀进行温度测量，初步判断引起主变油温偏高原因是蝶阀损坏未开启导致主变本体油不循环，散热效果差，进而引起主变油温偏高。最后通过现场检查发现主变 3、4 号散热片上部 80 蝶阀、5 号散热片下部 80 蝶阀阀门开关损坏，导致内部阀门打不开，3、4、5 号散热片起不到散热效果，从而引起主变油温过高，与红外测温分析结果一致。

图 4-12　手柄指示位置

图 4-13　内部阀门未开启

三、预防措施

是一起典型的通过带电检测手段分析解决设备缺陷案例，从中可以得出结论：带电检测是一种对于运行设备缺陷分析及判断的有效方法，运行、检修人员可通过带电检测数据或图谱有效定位设备缺陷，这为下一步对缺陷设备进行现场检查及消缺提供了有力依据，大大提高了消缺的准确性、时效性及可靠性。

案例三　220kV 主变压器冷却器风扇叶片缺片导致冷却器波纹管渗漏

一、故障情况

某 220kV 变电站 2 号主变压器 1 号冷却器下部连接波纹管裂缝，导致大量漏油，使变压器本体油位过低，本体瓦斯继电器轻瓦斯及油位异常发信，变压器被迫停运。

二、故障诊断

经现场检查发现漏油点位于 1 号冷却器下部波纹管处，见图 4-14。关闭波纹管两侧蝶阀前，1 号冷却器处于运行状态且运行抖动比较明显，同时发现 1 号冷却器上部风扇缺少一片叶片，见图 4-15。

造成本次波纹管断裂的主要原因为波纹管安装时受到较大的应力，导致断裂部位遭受长期拉力。其次为风扇缺少一片叶片运行导致冷却器抖动，加大波纹管受力，导致开裂漏油。由于该批次风扇在其余两个 220kV 变电所已有数台风扇在运行中发生叶片断裂、脱落缺陷，因此怀疑该批次风扇存在叶片厚度较薄造成机械强度不够的质量问题。

图 4-14　1 号主变压器冷却器下部纹波管漏油处

三、预防措施

（1）加强变压器检修质量，在冷却器安装的过程中，避免波纹管受到较大的应力。

（2）对所有该类型风扇进行叶片更换工作，以此保证主变冷却装置长期安全、稳定运行。

图 4-15　1 号主变压器冷却器上不风扇叶片残缺处

第四节　散热装置故障诊断攻略

散热装置作为变压器的重要组成部分，能够保证变压器在允许的温升范围内运行，对变压器安全和寿命具有重要意义。散热装置主要的故障原因有油路不畅、散热通道不畅、元件失效、渗漏油等几类，目前除了红外测温外，其他监测诊断手段应用较少。由于散热装置运行过程中热效应明显，因此加强红外精确测温可有效预防和诊断散热装置故障。

随着电力变压器电压等级的升高，容量的增大，发热也更为显著，对散热装置的要求也逐渐提高，提升散热效果受到了日益广泛的重视。而随着变压器散热装置在实际应用中的普及，设计和研发人员面对更多新的问题，其中之一就是监测散热装置的运行状态，以及时发现故障，从而进行修复和更换，减少经济损失。

第五章

储　油　柜

第一节　储油柜概述

电力变压器的储油柜俗称油枕，是变压器零部件中最大的部件，其作用主要是在变压器运行过程中缓冲油箱储内油温变化引起的变压器油的体积变化；对电压等级较高的电力变压器而言还要保证油箱内部充满油，保证器身完全浸入变压器油内，缩小油与空气的接触面积，从而延缓油质的老化过程的作用。因此对大型变压器从保护油的角度看，储油柜是必不可少的，而对某些小变压器，由于采用了波纹式的油箱壁或大面积的片散可不再装储油柜。目前，国内110kV（66kV）及以上油浸式电力变压器均有储油柜。

一、储油柜的分类

常用的储油柜大致可分为普通型和密封型两大基本类型。

普通型储油柜中不加任何防油老化装置，其油面通过呼吸器（吸湿器）或呼吸孔和大气接触。其中，小容量的变压器储油柜是由薄钢板制成的简单圆筒，两端用翻边封头圆板焊接，一端装有玻璃管油位计，另一端有手孔盖，便于打开清理内部油污。而用于较大容量的变压器油箱的储油柜，则在其一端改为法兰与端盖连接的可打开的方式，更便于内部清理。

密封型储油柜是加装了防油老化装置的与外界空气完全隔离的结构型式，包括隔膜式、胶囊式和金属波纹式储油柜和油囊式储油柜。

二、密封型储油柜的结构原理

胶囊式储油柜如图5-1所示，其胶囊内部与大气相通，当温度升高时，油面上升，胶囊中的气体通过与吸湿器相通的联管排出，胶囊缩小；反之，油面下降，胶囊通过吸湿器吸入空气，体积增大。

隔膜式储油柜如图5-2所示。隔膜周边压装在上、下柜沿之间，隔膜的内侧紧贴在油面上，外侧和大气相通。集聚在隔膜外部的凝露水可以通过放水阀排出。这种储油柜一般采用连杆式铁磁油位计。在储油柜底部有个集气盒，变压器运行中油体积的膨胀和收缩都要经过集气盒进入或排出储油柜，而伴随油流中的气体被集聚在集气盒中，不能进入储油柜，从而可避免出现假油面，集气盒中集聚的气体可以通过排气管端部的阀门放出。

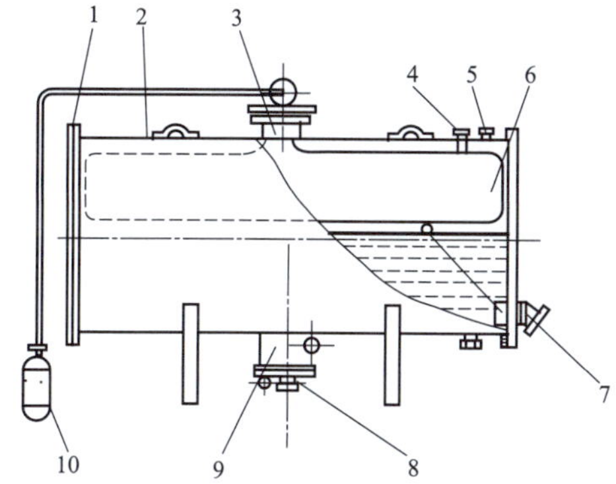

图 5-1　胶囊式储油柜

1—端盖；2—柜体；3—罩；4—胶囊吊装器；
5—塞子；6—胶囊；7—油位计；8—蝶阀；
9—集气室；10—吸湿器

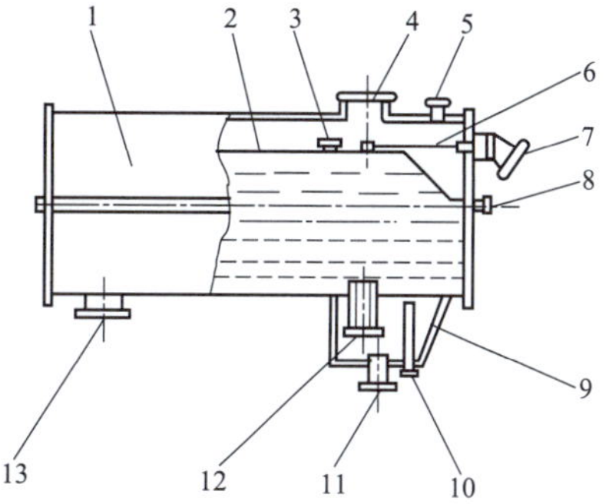

图 5-2　隔膜式储油柜

1—柜体；2—橡胶隔膜；3—放气塞；4—视察窗；
5、11—管接头；6—油位计拉杆；7—磁力式油位计；
8—放水塞；9—集气盒；10—放气管接头；
12—注放油管；13—集污盒

金属波纹式储油柜目前有外油卧式、内油式、外油立式等形式，它由柜罩、柜座、波纹膨胀芯体、输油管路、注油管、排气管、输油软连接管、油位指示、报警装置等构成。当油温上升时油箱内的变压器油通过输油软连接管流入波纹膨胀芯体，波纹片膨胀展开，当油位上升到一定高度时，发出警报。各型式储油柜结构如图 5-3、图 5-4 所示。图 5-5 为外油立式金属波纹储油柜（沈阳天工），是纳入行业标准的第三代产品，其特点是波纹芯体采用上悬气囊（外油）结构，立式工作方式，避免了内油结构波纹漏油风险和耐压能力不足。

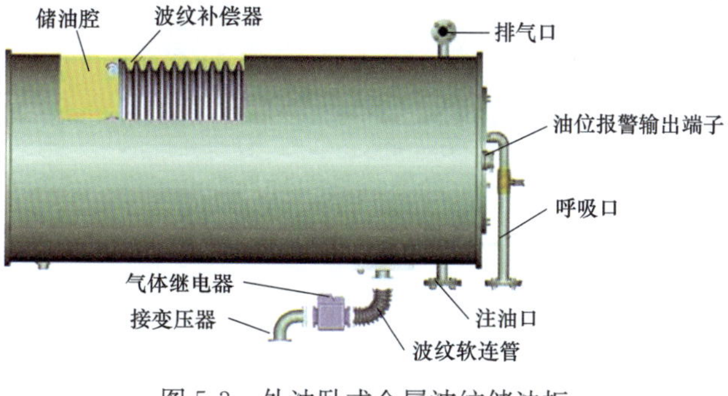

图 5-3　外油卧式金属波纹储油柜

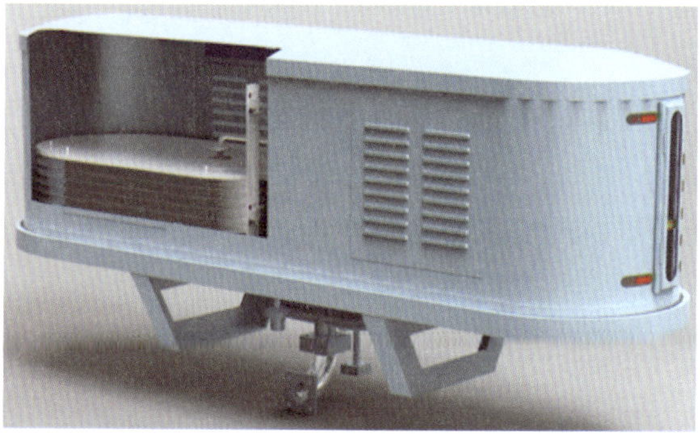

图 5-4　内油式金属波纹储油柜

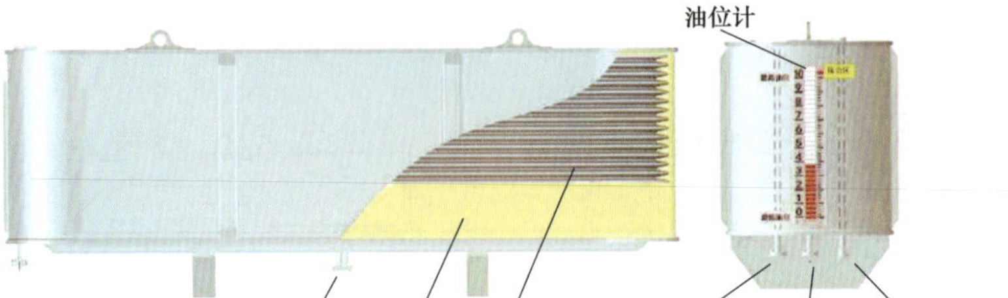

图 5-5　外油立式金属波纹储油柜（沈阳天工）

最新出现的油囊式储油柜是借鉴了内油式金属波纹储油柜的结构特点，用一体成型的油囊代替金属波纹管，绝缘油在油囊内部。其优点是油囊材料耐老化性能好，对变压器本体的附加应力小，灵敏度高，补偿量大，无卡涩、倾覆、凝露等隐患，但目前还没有大规模实际应用。图 5-6 为一体成型油囊（南通世睿），在拉断力、搭接强度、剥离强度、撕裂强度、气密性试验等方面性能好。

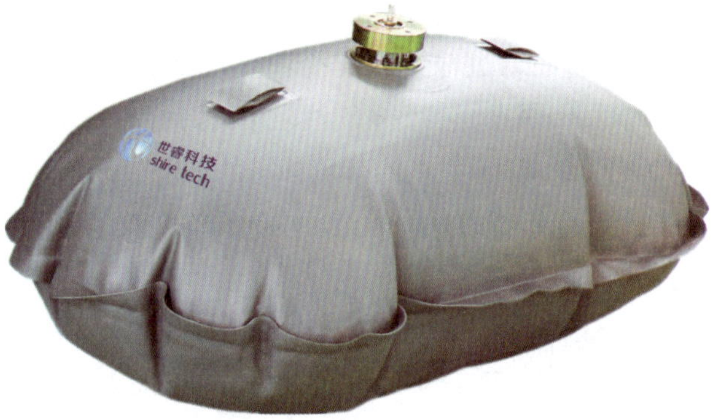

图 5-6　一体成型油囊（南通世睿）

三、储油柜的试验简介

1. 出厂试验、型式试验

储油柜的相关试验要求详见 JB/T 6484—1992。

2. 交接试验

（1）35kV 及以上变压器，在储油柜油面施加 0.03MPa 静压力，持续 24h，应无油渗漏；

（2）35kV 以下变压器，现场注油后，静止 24 小时，无渗漏。

3. 例行试验

（1）红外热像检测，红外热像图显示应无异常；

（2）外观无异常，油位正常，无油渗漏；

（3）呼吸器呼吸正常；当 2/3 干燥剂受潮时应予更换；若干燥剂受潮速度异常，应检查密封，并取油样分析油中水分（仅对开放式）。

第二节　储油柜常见故障及处理

一、储油柜典型故障

1. 故障原因

（1）储油柜的吸湿器堵塞。

（2）储油柜的胶囊袋或隔膜损坏。

（3）管式油位计的小胶囊袋输油管堵塞。

（4）储油柜存在大量气体。

（5）油位计故障。

2. 故障现象

（1）变压器本体储油柜油位计油位显示异常升高或降低。

（2）用红外热像仪测量的实际油位与油位计显示不符。

二、储油柜常见故障处理方法

（1）检查储油柜的吸湿器应无堵塞，否则检修或更换吸湿器。

（2）储油柜胶囊袋损坏处理方法。

1）关闭储油柜与本体间的蝶阀，打开储油柜顶部的放气塞，从储油柜的放油管放尽储油柜内的变压器油。

2）打开储油柜的盖板，更换胶囊袋。

3）密封储油柜盖板，由储油柜的注油管对储油柜注油。

4）储油柜排气，打开储油柜与本体间的蝶阀。

（3）储油柜隔膜损坏处理方法。

1）关闭储油柜与本体间的蝶阀，打开储油柜顶部的盖板，拉出隔膜上的密封塞。

2）将储油柜内的变压器油放至储油柜中部法兰以下50mm即可。

3）拆除上、下部储油柜间的螺栓，吊起上部储油柜，更换储油柜的隔膜。

4）安装上部储油柜，紧固上、下部储油柜间的螺栓，由储油柜的注油管对储油柜注油。

5）储油柜排气，打开储油柜与本体间的蝶阀。

（4）管式油位计的小胶囊袋输油管堵塞处理方法。

1）关闭储油柜与本体间的蝶阀，打开储油柜顶部的放气塞，放尽储油柜内的变压器油。

2）打开小胶囊室的盖板，拔出小胶囊袋与管式油位计连接的输油管。

3）在输油管中塞入一段弹簧以防止输油管弯折堵塞油路，弹簧的外径小于输油管内径 2mm，弹簧应伸入小胶囊袋内 10mm，并在小胶囊袋输油管根部用蜡线绑扎固定。

4）复装小胶囊输油管及小胶囊室的盖板，由储油柜的注油管对储油柜注油。

5）储油柜排气，打开储油柜与本体间的蝶阀。

（5）胶囊式储油柜排气处理方法。

1）对本体储油柜进行排气：拆下本体储油柜的吸湿器，防止吸湿器损坏，将空压泵与储油柜的吸湿器联管连接，启动空压泵加压至 0.025～0.03MPa，直至储油柜放气阀出油。

2）对于采用管式油位计的储油柜，应用密封件密封管式油位计上部进气孔，以防止管式油位计内的绝缘油溢出。

3）打开散热器或冷却器与本体间的阀门，打开升高座导油管、充油瓷套管、冷却器等附件最高位置放气塞进行排气，出油后即旋紧放气塞，并对气体继电器放气。

（6）隔膜式储油柜排气处理方法。

1）打开储油柜顶部的盖板，拉出隔膜上排气孔的密封塞。

2）用手不断将隔膜内的空气从排气孔排出，排尽隔膜内的空气后回装密封塞。

（7）油位计故障处理方法见表 5-1。

表 5-1　常见油位计故障处理方法

故障类型	故障原因	故障现象	故障处理方法
管式油位指示计故障造成假油位	指示用油太多	油位指示持续偏高	重新调整指示油量
	指示用油太少	油位指示持续偏低	重新调整指示油量
	压油袋内空气未排尽	油位随温度变化很小	重新注油，并用手按动压油袋，使空气排尽
	油位计漏油、油位计连管破裂或油位计放油螺管破裂	油位指示逐渐降至很低，甚至为零	更换油位计受损部件，拧紧放油螺钉
	油位计呼吸塞拧得太紧不和空气连通	油位随温度变化很小，但拧紧呼吸塞可见油位变化恢复正常	适当拧松呼吸塞
	压油袋破裂或渗漏	长时间运行会污染装置本体绝缘油，使绝缘油颜色变黑、变污	更换压油袋
磁针式油位指示故障造成假油位	驱动机构和胶囊缠绕	油位指示基本不随温度变化，打开顶盖摊平胶囊后，油位恢复正常	用圆头木棒摊平胶囊，使之平坦浮在油面上
	浮球或连杆进油	油位指示为零，开箱后发现浮球或连杆沉入油中	更换浮球、连杆
	磁针失灵	油位指示为零或满格，拨动驱动机构时油位不变化	更换油位计

第三节 储油柜故障案例

案例一 外油卧式金属波纹储油柜波纹管卡涩导致变压器重瓦斯跳闸

某 220kV 变电站 1 号主变压器（SFPSZ7-120000/220）在不到 20 天的时间内连续发生 3 次本体重瓦斯动作跳闸，后检查出外油卧式金属波纹储油柜波纹管滑道有卡涩现象，综合判断故障原因为储油柜内波纹管滑道卡涩引起油流突变造成瓦斯继电器动作。

经核实，储油柜厂家在运输过程中未进行充气运输，有可能造成储油柜内金属波纹管受到较大应力，影响轨道及滑轮性能，当油温变化较大时，出现金属波纹管运动非连续性的突变。也可能由于运输安装中储油柜或波纹管发生一定的变形，在运行中形成卡涩，当引起的油流突变达到瓦斯额定值时，本体瓦斯保护动作。

另外，考虑到北方地区昼夜温差比较大，储油柜内膨胀器由于所带负荷较大，主变压器本体温度变化大，膨胀器伸缩频繁，且幅度较大，由于储油柜内金属膨胀器运行时间长，滑道卡涩现象逐步形成。当金属波纹管被卡时，压力达到一定值，金属波纹管开始突然快速运动，由于金属纹管运动呈非线性不连续的变化，从而形成突然变化的油流，当油流达到瓦斯继电器动作值时，造成瓦斯继电器出口跳闸。

案例二 外油卧式金属波纹储油柜油位计拉带卡涩导致油位异常

某电厂高压厂用变压器型号为 SF-28000/20，储油柜为外油卧式金属波纹储油柜，型号为 BG800-3150，变压器自投运以来储油柜油位一直指示在 2.5 格左右，油位偏低。2011 年 12 月，利用停电机会，电厂人员对该变压器补油，当注油 1min 左右时，油位计没有发生变化，变压器压力释放阀动作，向外少量溢油。根据以上现象分析，初步认为储油柜内部存在缺陷。

打开储油柜检查发现储油柜波纹管已被压缩至最小，用以指示油位的金属带被卡住，油位计一直指示在 2.5 格，金属带弯曲散落在波纹管内壁上，储油柜已满油。在储油柜内发现另一个用于监视有为高低报警的金属卷尺，虽能灵活受访，但其报警信号输出没有接线，这就是在油位高时没有报警的原因。

案例三 内油式金属波纹储油柜容积不足导致喷油

2005 年 2 月 26 日，某 110kV 变电站 2 号主变压器储油柜喷油，变压器风扇未启动，主变压器油温 65℃，变压器无保护信号。检查发现，因油膨胀式波纹管升高，导致储油柜内金属波纹管保护泄油阀密封阀片与储油柜外罩顶部挤压破损而泄油。

该变压器是 2004 年 12 月投运的，型号 SFSZ10-50000/110，绝缘油总重 21945kg，

金属波纹储油柜型号为 BP1a-Ⅲb，总容积 1420L。

原因分析，根据主变压器参数，按照主变运行最高环境温度 35℃，最低环境温度 −5℃计算，该变压器的储油柜补偿容计算公式为：

$$V = f \times G/g \tag{5-1}$$

式中：V 为储油柜的补偿容积，L；G 为变压器的总油重，kg；g 为变压器油的密度 0.9，kg/L；f 为变压器油体积补偿参数，$f=a(\Delta t+t)$；a 为变压器油体积膨胀系数，$a=0.0007$；Δt 为变压器使用地区最高和最低环境温差值；t 为变压器平均温升，40。

代入参数可得：

$$V = 0.0007 \times [35-(-5)+40] \times 21945/0.9 = 1365(\text{L})$$

表面上看，该储油柜的容积 1420L 大于变压器所需的补偿容积，但是考虑到金属波纹管的伸缩特性，应以波纹管的有效容积或波纹管片数来核算。计算公式如下：

$$n = V/v \tag{5-2}$$

式中：n 为金属波纹管片数；V 为补偿容积；v 为单波有效容积。

根据制造厂资料，单波有效容积 $v=26.3$L，因此

$$n = 1365/26.3 \approx 52$$

也即是说与变压器匹配的金属波纹储油柜波纹管片数至少 52 片，实际检查只有 46 片，由此可推算储油柜的有效容积为 $46\times26.3=1209.8(\text{L})<1365\text{L}$，储油柜有效容积不够。

案例四 220kV 主变压器胶囊式储油柜呼吸器堵塞导致主变重瓦斯动作跳闸

一、故障情况

某日 20 时 14 分，某水电站 2 号主变压器轻、重瓦斯保护动作，开关跳闸，机组停运，变压器吸湿器喷油。该台主变为国内某厂家生产的型号为 SFP-120000/220 型电力变压器，1985 年 12 月投入运行，储油柜为胶囊式密封方式。事故发生时变压器顶层油温 59.4℃，环境温度 10.5℃。

二、故障诊断

经检查分析，该机组调峰，满负荷运行，冷却器风扇未投入运行，变压器温度上升较快。由于吸湿器干燥剂遇冷冻结、呼吸不畅，热油喷出后突然通路，造成油流冲击，因此重瓦斯保护动作跳闸。

案例五 220kV 变压器储油柜胶囊卷缩导致压力释放阀动作

某 220kV 变电站一台 OSFPS8-150000/220 的变压器分别于 2006 年 1 月 8 日及

2007 年 2 月 7 日，当 110kV 线路首端出现短路故障时，该变压器的两只压力释放阀也分别动作，监测仪表显示压力释放阀动作信号（释放阀动作投信号），大量的变压器油从油箱中涌出。检修人员到达现场后，第一次对变压器进行包括油色谱在内的全方面的检查，没有发现问题，第二次压力释放阀动作时，检查发现储油柜呼吸器无呼吸现象，油温及其他部位正常。

综合油温、油色谱试验结果以及假油位现象，初步判断变压器本体不存在问题，可能是储油柜出现胶囊破损或上部排气孔被堵塞的情况。

经停电检查和恢复处理后变压器运作恢复正常，故障主要成因是由于变压器储油柜内部胶囊卷缩不展开且胶囊内部已渗入变压器油，胶囊没有呈正常的展开状态，并下沉至储油柜中部，使胶囊可膨胀收缩的空间明显减小。同时，由于储油柜内部进入空气后，储油柜内部并没有呈负压状态，加剧了胶囊卷缩不展的程度，减小了整个储油柜有效的膨胀率，当 110kV 线路首端出现短路故障时，流过变压器的短路电流导致油温升高，引起油位的瞬间膨胀，由于储油柜膨胀收缩率大大减小，线路短路时，瞬间膨胀的油位已无有效释放空间，即在变压器油箱中产生瞬间高压，当超过压力释放阀动作值时压力释放阀动作，压力即得到有效释放。

案例六　110kV 主变压器储油柜连通管蝶阀未关严导致主变压器压力释放阀喷油

一、故障情况

2010 年 6 月 13 日，运行人员在巡视时发现 110kV 变电站 1 号主变压器本体的 1、2 号压力释放阀排油管管口有大量变压器油溢出，主变压器本体 1、2 号压力释放阀没有动作信号发出。停电检查，确为压力释放阀动作喷油，其他（包括对变压器本体油样试验）未发现异常。故障变压器型号为 SSZ10-63000/110W2，2009 年 12 月出厂，2010 年 6 月投运。

二、故障诊断

现场检查：

（1）该台变压器温度为 25℃，油位指示刻度为 4.3（27℃），变压器正常油位曲线为 2.7～4.5（25℃），此时变压器为停运状态。

（2）1 号主变压器本体 1、2 号压力释放阀排油管管口有变压器油溢出的痕迹。变压器呼吸器油杯内油已到最低油位位置（正常为最低油位与最高油位中间），呼吸器正下方地面有油迹。

（3）检查呼吸器呼吸正常（对呼吸器进行吹气试验正常）。

（4）检查变压器气体继电器两侧蝶阀处于开启状态，气体继电器内没有气体。

（5）对变压器本体所有蝶阀进行检查均为正常的开启状态。

（6）手动检查压力释放阀动作信号正确（压力释放阀再次故障喷油时无信号发出）。

图 5-7　主变压器储油柜外形

外形如图 5-7 所示。

对储油柜进行解体检查：

（1）打开储油柜上部放气塞，听到有气排出（正常为进气），检查油囊为不正常状态，储油柜上方油囊与油枕本体连接蝶阀为正常的关闭状态（此蝶阀为储油柜抽真空时使用）。

（2）对油囊进行充气，油囊被充起，但没有发现有油从排气孔溢出，同时油位表油位指示也没有变化，指示刻度仍为 4.3。正常为油囊鼓起，油油从排气孔溢出，油位表指示发生变化。

（3）将变压器本体气体继电器储油柜侧蝶阀关闭，通过本体放油阀放油，同时打开本体气体继电器放气塞，观察油位下降（气体继电器内油面下降）判断气体继电器本体侧蝶阀正常（借此更换 35kV 套管胶珠）。

（4）打开气体继电器储油柜侧蝶阀，发现储油柜油流入变压器本体，同时储油柜油位表指针下降，判断气体继电器储油柜侧蝶阀、油位表正常。

（5）通过变压器储油柜放油阀放油，发现油位表正常下降，判断油位表正常。

（6）打开储油柜边盖检查油囊正常、油位表连杆及浮子正常。

（7）对油囊打开检查，经过 1h 后发现油囊有泄压现象，判断油囊或油囊与储油柜连管蝶阀有漏气现象。

（8）将油囊与储油柜连管蝶阀拆除，并将蝶阀两侧管口堵死，对拆除后的蝶阀进行检查发现确存在密封不严现象，再一次对油囊进行打压，经过 1h 观察未发现油囊有泄压现象。

（9）将储油柜进行补油排气，使其恢复正常运行状态。

由于油囊与储油柜连管蝶阀关闭不严造成油囊泄压同时空气进入储油柜内部，在环境温度及主变压器本体温度升高的情况下，变压器本体内部油膨胀涌入储油柜，使储油柜内部油位上升、储油柜内的空气膨胀，油囊在干瘪的情况下，继续缩小最终将储油柜呼吸孔堵塞，造成变压器压力增大，当本体压力达到 55kPa 时，造成压力释放阀动作喷油。如图 5-8、图 5-9 所示。

图 5-8　油囊与储油柜连管连接处

图 5-9　蝶阀漏气处

三、处理措施

（1）主变压器本体喷油，压力释放阀动作未发信号，主要原因为压力释放阀顶杆行程过大造成，属生产厂家制造工艺不精确，针对此情况，联系厂家已对其进行更换。

（2）对发现同一厂家设备存在的问题，建立故障数据库，总结经验，在今后新安装设备验收环节严格把关，认真核实设备本体及附件等各功能元件是否工作正常，满足运行规程要求，发现问题及时整改，确保设备投运后安全可靠运行。

第四节　储油柜故障诊断攻略

一、储油柜故障诊断经验

金属波纹储油柜有时会导致变压器本体压力释放阀动作或储油柜漏油，其原因之一是金属波纹储油柜的有效容积不够。

1. 储油柜的补偿容积计算

储油柜的补偿容积是根据该变压器的总油重及使用地区的最高、最低环境温度的多少来计算的[1]，即式（5-1）。

该公式广泛应用于胶囊式储油柜的容积计算，但是对于金属波纹式储油柜，还必须考虑金属波纹管的工作特性，即参考波纹储油柜的工作特性曲线，计算波纹储油柜的有效容积。

2. 波纹管的 *V-P* 曲线

金属波纹管的结构特性决定了不管是外油式还是内油式储油柜，波纹管都有一定的无效空间，当波纹管完全收缩时，波纹管内部仍有一定的空间；当波纹管拉长至一定程度时，波纹管将失去正常弹性，继续拉伸时扩张的空间也属于无效空间。内油式波纹管的 *V-P* 曲线如图 5-10 所示。

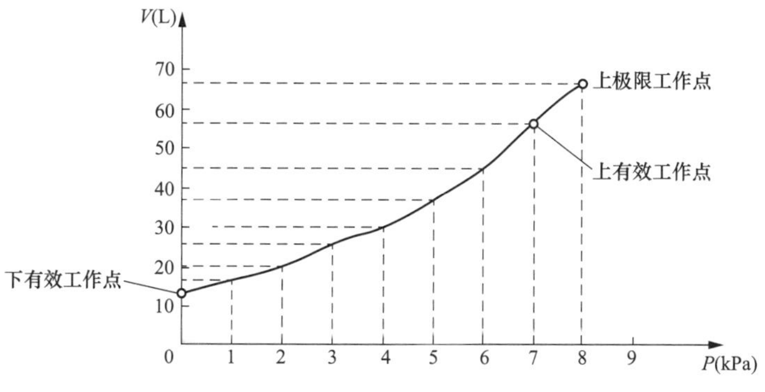

图 5-10　内油式波纹管的 *V-P* 曲线

波纹管在工作时应保证处于上、下有效工作点之间。内油式储油柜当有多组波纹管并联使用时，应保证各组波纹管的 V-P 曲线一致。

3. 波纹储油柜的金属波纹片数

由于波纹管存在上下有效工作点，波纹管有单波有效容积和单波无效容积，有效容积可理解为上下有效工作点之间变化的容积，无效容积可理解为波纹管处于收缩状态下的最小容积。单波有效容积一般由制造厂提供，根据单波有效容积和储油柜总容积可计算出储油柜所需金属波纹管片数，见式（5-2）。

计算出的 n 为该容积的储油柜所需金属波纹管的最小片数，为了提供一定的裕度，实际采用的金属波纹管片数应大于 n。

4. 波纹储油柜的有效容积

波纹储油柜的有效容积可通过以下几种方式计算[2-3]：

a. 根据单波有效容积和波纹管片数计算

$$V_e = nv \tag{5-3}$$

式中：V_e 为波纹储油柜的有效容积；n 为金属波纹管片数；v 为单波有效容积。

b. 根据总容积和单波有效容积、单波无效容积计算

$$V_e = Vv/(v + v') \tag{5-4}$$

式中：V_e 为波纹储油柜的有效容积；V 为波纹储油柜的总容积；v 为单波有效容积；v' 为单波无效容积。

c. 根据波纹管内径和伸缩长度计算

$$V_e = \pi R^2 L \tag{5-5}$$

式中：V_e 为波纹储油柜的有效容积；R 为波纹管实测内径；L 为波纹管有效伸缩长度。

建议：传统上应用于胶囊式储油柜的容积计算公式不能直接搬用，必须考虑到金属波纹管的有效容积；厂家提供的储油柜应经有效补偿容积核算并具有一定的裕度。

变压器厂家应提供波纹储油柜油位与油温关系曲线，以便现场施工人员正确添加变压器油。

二、储油柜故障诊断新技术

1. 胶囊式储油柜胶囊破损的监测方法

目前，改进型的全密封胶囊式储油柜因性能良好，而得到国内各变压器厂家的广泛应用，而对于胶囊破损的监测，目前已得到实际应用的有三种方法：气体继电器法、CPR 专用继电器法和 MBR 传感器和保护继电器组合法。

（1）气体继电器法。

单浮子的小型气体继电器（管径 ϕ25）可以用来监测储油柜胶囊是否破损、漏气。具体方法如下：将气体继电器的一端用法兰盘密封，另一端通过法兰和联管与储油柜内

部相通；而胶囊通过法兰和联管与吸湿器相连，如图 5-11 所示。气体继电器法的关键在于储油柜、气体继电器和阀门的密封良好，目前已在上海世博会项目、泰国项目和菲律宾项目变压器上得到应用，并已验证有效。

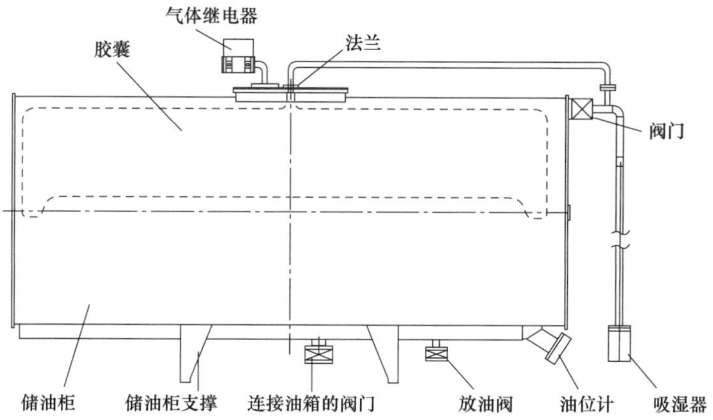

图 5-11　胶囊式储油柜加装气体继电器结构

（2）CPR 专用继电器法。

目前，市场上能寻找到的监测胶囊破损、漏气的专用继电器是一种意大利的 CPR 系列产品。这种继电器安装在储油柜上，如图 5-12 所示。当胶囊破损时，空气进入储油柜内部，汇集到上部的 CPR 继电器中，当气体达到一定容积时，浮子滚动，发出报警信号。该方法已在欧洲，南美进入实际现场应用。

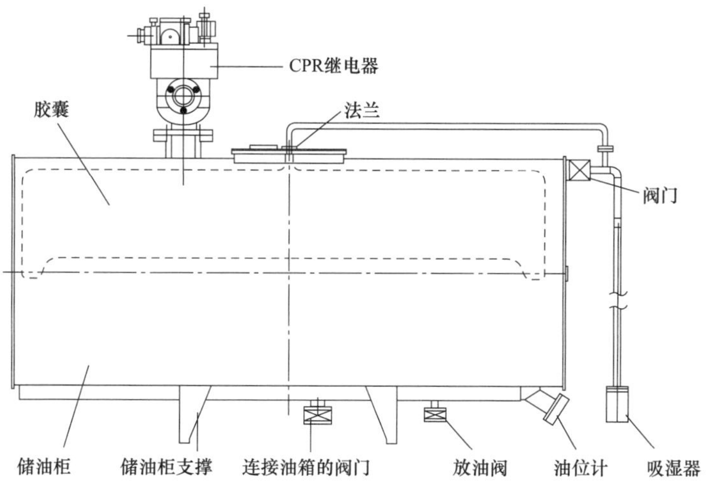

图 5-12　胶囊式储油柜加装 CPR 继电器结构

（3）MBR 传感器和保护继电器组合法。

监测胶囊破损、漏气的第三种方法是采用一种电子式传感器、保护继电器组合

MBR。由一个安装在胶囊内部的特殊传感器和安装在就地控制箱内的保护继电器组成，如图 5-13 所示。其工作原理是基于光的反射原理。当胶囊完好时，安装在胶囊内部的电子传感器中 LED 发射的光全部被光学接收器接收，不发出信号。当胶囊破损时，电子传感器中 LED 发射的光部分被变压器油发散、吸收，此时，光学接收器接收的光减少，导致的耦合电路失衡，发出报警信号。目前该方法在南美地区已得到应用，国内尚无应用。

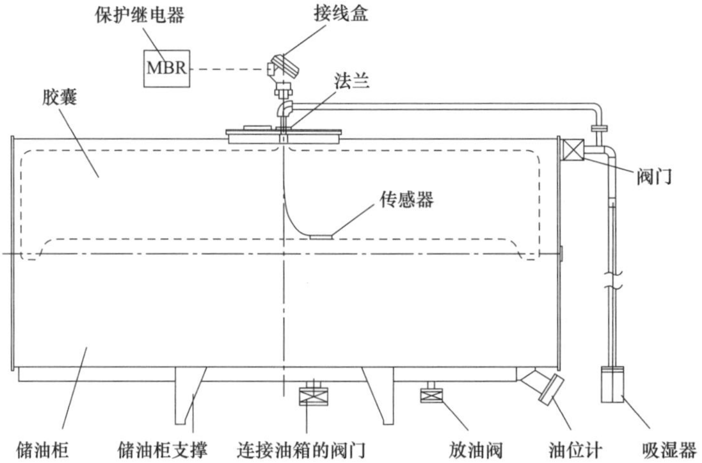

图 5-13　胶囊式储油柜加装 MBR 传感器和保护继电器结构

2. 红外成像技术在储油柜油位诊断中的应用

日常巡检中，通常只根据油位计指示来判断储油柜内油位是否正常。但当油位计发生故障时，就会出现“假油位”现象，这时通过红外成像诊断技术，就可以快速准确地判断储油柜内的真实油位。

在某 220kV 变电站，运行人员巡视时发现储油柜油位指示降为零，而外观检查显示，本体外观上无漏油，并且灭火装置排油孔内壁也无油迹，因此排除漏油导致的油位下降。

对该变压器进行红外精确成像，得到红外图谱如图 5-14。从图中可知，横向分界线上下存在明显的色差，分界线以上较暗而下部较亮，这种现象主要是由于储油柜表面的温度在该界线的上下部存在明显的差异，初步认为该分界线为真实油位。

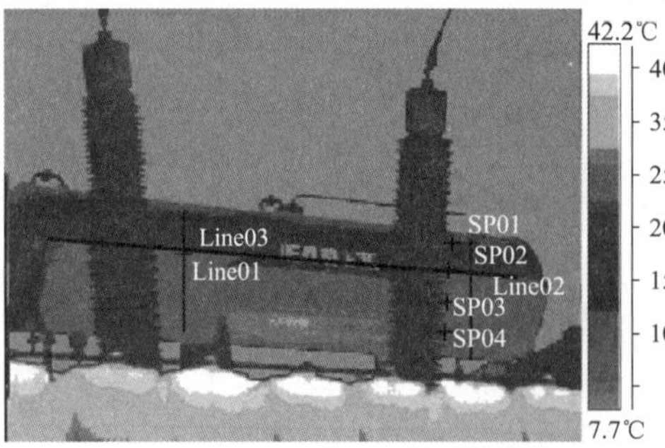

图 5-14　红外成像图谱

在红外图上（见图 5-14）由上向下设置 4 个测温点。通过表 5-2 可以看出，SP02 点的温度比 SP01 点的温度发生突变，而 SP03 点、SP04 点与 SP02 点的温度基本一致，可以判断 SP02 点所处位置为真实油位。

表 5-2　　　　红外数据分析表

项目		数值	项目		数值
设备	摄像机型号	DL700C	点分析	SP01 温度	21.6℃
	扩展镜头情况	无扩展镜头		SP02 温度	29.9℃
	工作档位	−20.00/220.0		SP03 温度	31.4℃
目标	比辐射率	0.90	线	SP04 温度	31.1℃
	距离	10		Line01 最高温度	31.4℃
	环境温度	18.8℃		Line02 最高温度	32.3℃

综上所述，得出该储油柜未发生漏油事故，油量充足，满足变压器安全运行的需要，储油柜出现所谓“假油位”现象，而该变压器出现“假油位”的原因可能有两个：一是浮球或连杆进油，二是磁针失灵。

停电后放油，打开储油柜侧面人孔盖板进入油箱本体进行检查，发现储油柜浮球、连杆沉入油中，浮球有裂纹。判断储油柜油位指示为零的原因为浮子质量不合格，存在裂纹，绝缘油进入浮子导致连杆下沉到储油柜底部出现假油位。

第六章

非电量保护装置

第一节　气体继电器

一、气体继电器的结构原理

气体继电器又称瓦斯继电器，国内常用的是 QJ 型气体继电器。

QJ 型气体安装于连接变压器与储油柜的联管上，当变压器内部出现轻微故障时，则因油分解而产生的气体聚集在容器的上部，迫使油面下降，开口杯降到某一限定位置时，磁铁使干簧触点闭合，接通信号电路，发出信号。若因变压器漏油而使油面降低时，同样会发出信号。当变压器内部发生严重故障时，将会产生大量的气体，在连接管中产生油流，冲动挡板，当挡板运到某一限定位置时，磁铁使干簧触点闭合，接通跳闸电路，切断与变压器连接的所有电源，从而起到保护变压器的作用。QJ 型气体继电器结构如图 6-1 所示。

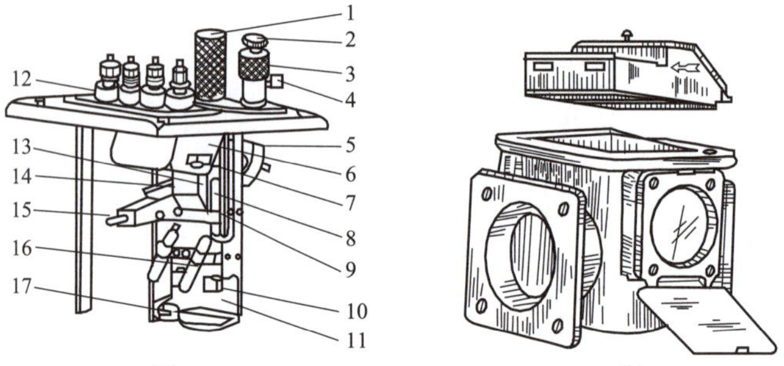

(a)　　(b)

图 6-1　QJ 型气体继电器的结构

（a）内部结构；（b）外壳

1—罩；2—顶针；3—气塞；4—气嘴；5—重锤；6—开口杯；7—磁铁；8—干簧触点（信号用）；9—弹簧；10—磁铁；11—挡板；12—套管；13—探针；14—开口销；15—调节杆；16—干簧触点（跳闸用）；17—螺杆

除了 QJ 型气体继电器，国内在用的还有双浮球式气体继电器，其上浮球和挡板作用与 QJ 型气体继电器作用一致，下浮球当气体继电器存在大量气体时动作。其结构原理课参见本章第五节图 6-5。

变压器有载分接开关所用的油流继电器有时也俗称小瓦斯，其结构只有重瓦斯挡板，没有油杯或浮球，不具备轻瓦斯发信功能。随着真空有载开关的应用，很多真空有载开关也采用了具有轻瓦斯发信功能的气体继电器。

二、气体继电器的试验简介

1. 出厂试验、型式试验

气体继电器的相关试验要求详见 JB/T 9647—1999。

2. 交接试验

（1）重瓦斯动作的油流速度校验，整定值应符合产品技术要求或与出厂校验值相符；

（2）轻瓦斯动作气体容积校验，应符合产品技术要求；

（3）二次回路绝缘电阻一般不低于 1MΩ。

3. 例行试验

（1）检查气体继电器整定值，应符合运行规程和设备技术文件要求，动作正确；

（2）每两个主变试验周期测量一次气体继电器二次回路的绝缘电阻，采用 1000V 兆欧表测量，一般不低于 1MΩ。

第二节 压力释放阀

一、压力释放阀的结构原理

压力释放阀结构及工作原理如图 6-2 所示，图中 7 是用金属材料压制而成的膜盘，在膜盘上面压着控制弹簧 10，弹簧的上部在护盖 9 的下面，护盖则通过螺杆 15 固定在底座 1 上。膜盘通过密封用胶圈 8，被弹簧的压力压在底座上，底座由密封圈 2 密封后，被固定在变压器的箱顶上。所以变压器内部的油，全部充满至膜底下面。调整护盖的高度，当高度一定时，弹簧的膜盘的压力也就一定，不再变化。当变压器内部发生故障时，产生很高的压力，压力传至膜盘下面，如果压力超过弹簧的压力，膜盘即被向上顶

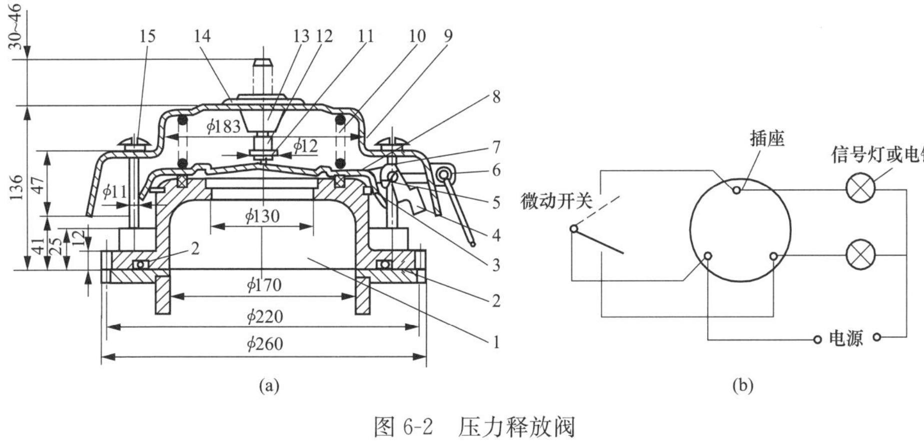

图 6-2　压力释放阀

（a）结构及原理；（b）微动开关接线图

1—底座；2—密封圈；3、8—胶圈；4—复位扳手；5—锁板；6—接线盒；7—膜盘；9—护盖；10—弹簧；11—锁垫；12—标志杆；13—胶套；14—铭牌；15—螺杆

起，于是压力油（或气体）就从膜盘下面与胶圈 8 之间的开口处喷向外部，压力即被释放掉。当弹簧全部被压缩时，开口达到最大，压力释放最快。阀动作后，膜盘外圆处顶起锁板 5，使其相关联的信号开关动作，由接线盒 6 的电缆传输出去。信号开关是一个微动开关，其接线方式如图 6-2（b）所示。

二、压力释放阀的试验简介

1. 出厂试验、型式试验

压力释放阀的相关试验要求详见 JB/T 7065—1993。

2. 交接试验

（1）动作压力校验，其开启压力与关闭压力应符合产品的技术要求，或与出厂值偏差在±10％之内；

（2）检查微动开关动作情况，触点接触应良好，信号正确；

（3）二次回路绝缘电阻不应低于 1MΩ。

3. 例行试验

主变压器解体性检修时按设备技术文件要求进行检查，应符合要求。一般要求开启压力与出厂值的标准偏差在±10％之内或符合设备技术文件要求。

第三节　测　温　装　置

一、测温装置的结构原理

压力式温度计如图 6-3 所示。它包括一个带电气触点的温度计表盘和一个测温管，两者之间用金属软管连接。

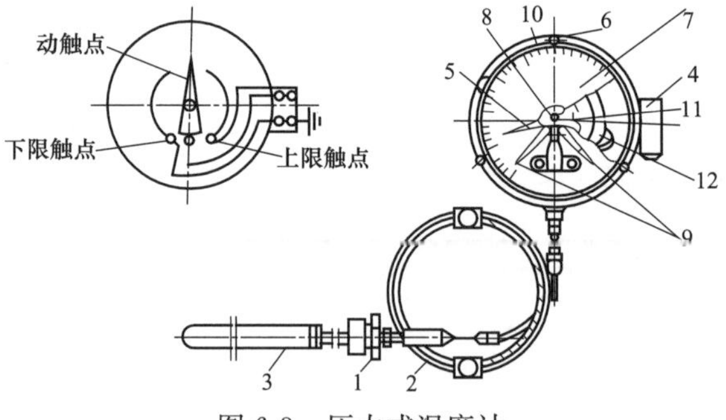

图 6-3　压力式温度计

1—管接头；2—金属软管；3—测温管；4—接线盒；5—指针；6—固定孔；7—外壳；8—调节孔；9—上、下限触点指针；10—表盘；11—齿轮传动机构；12—气压弹簧管

二、测温装置的试验简介

1. 出厂试验、型式试验

温度计的相关试验要求详见 JB/T 6302—1992、JB/T 8450—1996。

2. 交接试验

(1) 校验测温装置，符合 JJG 310 的要求；

(2) 如一台变压器有两只油温度计，要求两只温度计显示温度偏差不超过 5℃；

(3) 二次回路绝缘电阻一般不低于 1MΩ；

(4) 检查温度控制器控制、信号节点，各节点整定值应正确，远方、就地显示误差不超过 2℃。

3. 例行试验

(1) 要求外观良好，运行中温度数据合理，相互比对无异常；

(2) 每两个主变试验周期校验一次，可与标准温度计比对，或按制造商推荐方法进行，结果应符合设备；

(3) 技术文件要求。同时采用 1000V 兆欧表测量二次回路的绝缘电阻，一般不低于 1MΩ。

第四节　非电量保护装置常见故障及处理

一、油温和油位不符合标准曲线

1. 故障原因

(1) 储油柜中有空气；

(2) 变压器油箱漏油；

(3) 油位计或温度计故障；

(4) 胶囊（或隔膜）破损；

(5) 局部过热。

2. 处理方法

用红外测温设备进行检测判断，对于判断为可能存在局部过热的变压器，应进行油色谱分析。

二、非电量保护装置渗漏

1. 故障原因

非电量保护装置密封不良。

2. 处理方法

密封件没有压紧到位而起不到密封作用的渗漏，一般采用紧固螺栓处理；由密封件原因引起的渗漏油，一般采用更换密封件的方法进行处理。

三、压力释放阀微动开关粘连

1. 故障原因

触点锈蚀。

2. 处理方法

更换微动开关。

四、压力释放阀误动

1. 故障原因

压力释放阀的弹簧失效。

2. 处理方法

更换压力释放阀。

第五节　非电量保护装置故障案例

案例一　500kV 主变压器气体继电器浮球破裂导致主变压器跳闸

一、故障描述

某 500kV 变电站 2 号主变压器 C 相重瓦斯保护动作，跳开主变三侧。现场检查 2 号主变压器 C 相重瓦斯继电器动作后处于动作保持状态，不能手动复归。主变诊断性试验无异常，初步判断重瓦斯继电器发生不正确动作行为。

二、故障诊断

2 号主变压器 C 相瓦斯继电器在实验室进行全面的检验。外观检查重瓦斯浮球渗油现象严重，导致在运行中动作后不返回，详见图 6-4。

图 6-4　左边为轻瓦斯浮球呈白色，右边为重瓦斯浮球因渗油后呈黄色

根据首次检验报告记录该继电器的动作值为 1.3m/s，现测试为 0.23m/s。

在运行中，浮球起制动作用，只有在变压器内部发生故障产生的气体，或是油的流速达到设定值时，克服了浮球的制动作用以后，气体继电器才会动作，如图 6-5 所示。

当浮球内因渗油使其浮力（即制动力）下降，就使得继电器更容易动作。如合闸冲击、穿越性故障电流等原因引起变压器内部油流涌动或是震动就会造成气体继电器误动。在负荷较重的变压器（特别是强油循环的变压器），上下层温差迫偶使变压器内部油流的速度加快，甚至在运行中就会造成气体继电器误动。

因气体继电器的重瓦斯浮球渗油使得浮球制动力大幅度下降，油流涌动或震动是导致 2 号主变压器 C 相气体继电器误动的主要原因，且动作后由于浮球内的渗油使得重瓦

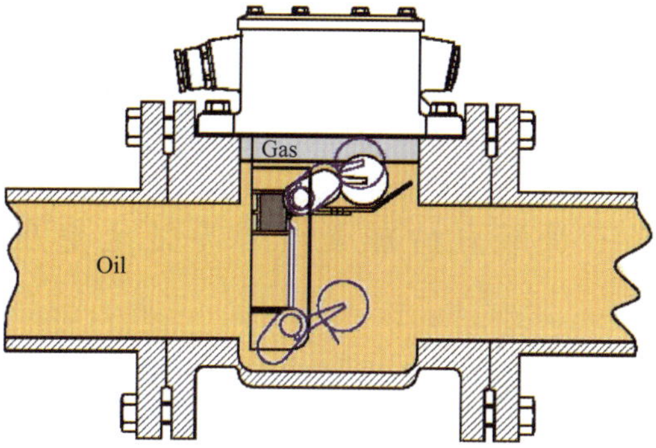

气体继电器正常运行时的状态

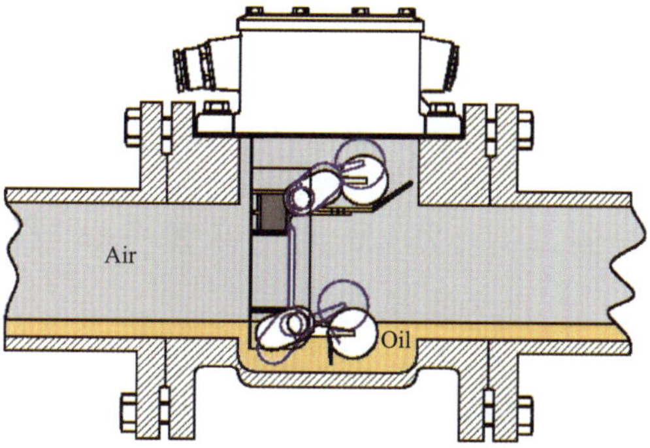

变压器内存在大量的气体使气体继电器动作

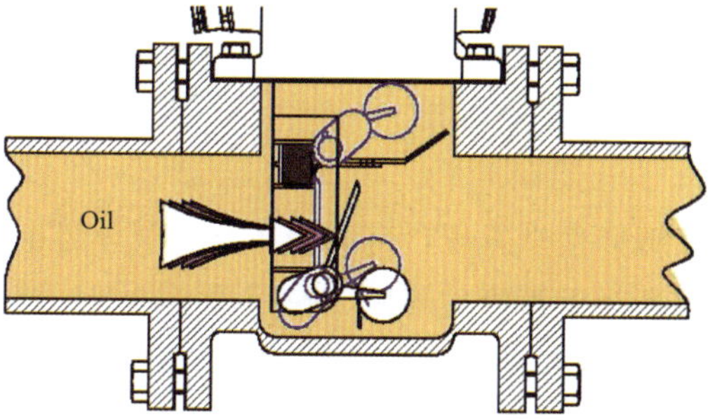

当变压器内部油的流速达到设定的动作值时气体继电器动作

图 6-5　气体继电器工作原理

斯继电器动作后不能返回。因变压器没有发生内部故障，也未产生气体，故本次故障过程中轻瓦斯不动作属正常现象。

随后在对同变电所 3 号主变压器需更换的气体继电器进行检验时，又发现该继电器的干簧接点渗油，这种现象在以往的检测中也曾多次发现，详见图 6-6。

图 6-6　重瓦斯的干簧接点渗油

经与制造厂分析讨论后，认为气体继电器渗油的原因是在德国工厂试验时，气体继电器的真空度试验为 2500Pa（欧洲标准），国内变压器工厂组装和现场安装时均带气体继电器抽真空到 13～133Pa（国标）以下，在抽真空时引起两个半球的粘接缝渗油，导致油流涌动时气体继电器不正确动作。

三、预防措施

（1）密封面的粘合强度，以适应中国地区最低到 13Pa 真空度的要求，可以满足现场安装带着气体继电器抽真空的工艺要求。

（2）对现有已供货气体继电器，变压器厂在发货前，应对气体继电器进行检查，避免浮球、干簧管渗油的气体继电器发到现场，同时安装单位应拆除气体继电器进行现场真空注油，变压器工厂提供相同管径的连接管和法兰。

(3) 利用停电机会对已投运气体继电器内部浮球和干簧管进行目测检查（抽出气体继电器芯，检查浮球和干簧管有无渗油）。

案例二　220kV 主变压器气体继电器干簧触点玻璃管破碎导致主变压器跳闸

一、故障描述

2005 年 9 月 2 日 7 时 36 分，某 220kV 变电站内 1 号主变压器有载调压开关重瓦斯保护动作，三侧开关跳闸，主变压器停电。

二、故障诊断

经事故后试验及解体检查发现，有载调压开关气体继电器干簧管断裂、破碎，有放电短路痕迹，初步判断为干簧管破碎后，瞬间接通跳闸回路，从而引起变压器的跳闸事故。该台变压器在 1998 年 9 月 25 日 12 时 26 分和 2004 年 1 月 22 日 4 时 7 发生过两次同样的故障，认为为设备制造设计工艺存在缺陷，应考虑整体更换该批气体继电器的干簧管。

案例三　220kV 主变压器压力释放阀法兰面断裂导致主变压器漏油

一、故障描述

某 220kV 变电所日常巡视时发现 3 号主变压器出现顶部严重漏油。经查为 3 号主变压器 220kV 侧压力释放阀法兰面断裂所导致严重漏油，见图 6-7。

图 6-7　压力释放阀法兰断裂漏油处

二、故障诊断

该压力释放阀法兰为铸铝材质，强度较低。在图 6-7 中可以看到断口均在法兰连接螺栓处，由于安装时螺栓力矩过大，以及压力释放导油管安装配合不当，压力释放阀受到侧向应力，导致压力释放阀法兰断裂，引起漏油。

三、预防措施

安装压力释放阀时控制力矩，防止螺栓力矩过大。在安装压力释放导油管时，法兰接口应对齐，避免出现压力释放阀应力过大的现象。

第六节　非电量保护装置故障诊断攻略

非电量保护装置在变压器的安全运行中起了非常重要的监视、预警、保护作用，但是非电量保护装置的缺陷和故障也比较多，常见的缺陷是渗漏油和远方-就地油温不一致，这类缺陷比较容易判断和消除，而当非电量保护装置动作或报警时，需要一定的经验来进行诊断。

一般非电量保护装置动作有四方面原因：一是变压器内部故障，非电量保护装置正确动作；二是误动，主要由于户外防雨措施不当、二次回路绝缘老化、受损以及其他原因导致，变压器及非电量保护装置本身无异常；三是非电量保护装置在运输、安装或检修过程中受损，在变压器特定运行条件下触发动作，例如浮球式气体继电器在变压器抽真空时承受不住真空度导致浮球破裂、压力释放阀弹簧受损等；四是其他缺陷导致的非电量保护装置动作，例如储油柜呼吸管或呼吸器堵塞，在油温上升时可能导致压力释放阀动作；散热装置渗油可能导致气体继电器轻瓦发信；呼吸器堵塞可能当油温上升时压力冲破呼吸器堵塞处导致气体继电器重瓦斯动作等。

当非电量保护装置发信或动作时，应首先综合其他现象、配合其他手段判断是否正确动作、变压器本体是否存在问题，常用的手段是油色谱和瓦斯气样色谱分析、二次回路排查、非电量保护装置检查以及变压器电气试验等，以确保掌握确切信息，诊断和排除相关故障，保证变压器运行安全。

参 考 文 献

［1］ DL/T 596—1996 电力设备预防性试验规程．北京：中国电力出版社，1997.

［2］（英）Martin J. Heathcote. 变压器实用技术大全．北京：中国机械出版社，2008.

［3］ 尹克宁．变压器设计原理．北京：中国电力出版社，2003.

［4］ 赵静月．变压器制造工艺．北京：中国电力出版社，2009.

［5］ 严璋．电气绝缘在线检测技术．北京：水利电力出版社，1995.

［6］（日）速水敏幸．电力设备的绝缘诊断．北京：科学出版社，2003.

［7］ 成永红．电力设备绝缘检测与诊断．北京：中国电力出版社，2001.

［8］ 张仁豫，陈昌渔，王昌长．高电压试验技术．北京：清华大学出版社，2009.

［9］ 咸日常．电力变压器运行与维修．北京：中国电力出版社，2014.

［10］ 张德明．变压器真空有载分接开关．北京：中国电力出版社，2015.

［11］ 王世阁，钟洪璧．电力变压器故障分析与技术改进．北京：中国电力出版社，2004.

［12］ 王世阁．电力变压器组部件故障分析与改进．北京：中国电力出版社，2010.

［13］ 郭清海，管晓峰．变压器故障案例分析与检测．北京：中国电力出版社，2010.

［14］ 国家电网运维检修部．变压器类设备典型故障案例汇编．北京：中国电力出版社，2012.